建设新农村农产品标准化生产丛书

平菇标准化生产技术

主　编

王　波　甘炳成　张万良

编著者

王　波　甘炳成　张万良

彭卫红　黄忠乾　鲜　灵　杨俊辉

金盾出版社

内 容 提 要

本书由四川省农业科学院土壤肥料研究所王波研究员等编著。内容包括：平菇标准化生产的目的与意义，侧耳属13个种的生物学特性，经济价值，菌种生产的标准化，栽培环境与设施标准化，出菇管理标准化，产品加工和病虫害防治的标准。内容新颖、技术规范，科学性与可操作性强，适于农村广大菇农及菇业技术人员阅读，对农林院校师生、科研和标准化管理人员亦有参考价值。

图书在版编目(CIP)数据

平菇标准化生产技术/王波，甘炳成，张万良主编．—北京：金盾出版社，2008.1

（建设新农村农产品标准化生产丛书）

ISBN 978-7-5082-4789-2

Ⅰ．平…　Ⅱ．①王…②甘…③张…　Ⅲ．蘑菇-栽培-标准化　Ⅳ．S646.1

中国版本图书馆CIP数据核字(2007)第177624号

金盾出版社出版、总发行

北京太平路5号（地铁万寿路站往南）

邮政编码：100036　电话：68214039　83219215

传真：68276683　网址：www.jdcbs.cn

封面印刷：北京印刷一厂

正文印刷：北京军迪印刷有限责任公司

装订：兴浩装订厂

各地新华书店经销

开本：787×1092 1/32　印张：4.75　字数：101千字

2013年7月第1版第4次印刷

印数：20 001～24 000册　定价：9.00元

序　言

随着改革开放的不断深入，我国的农业生产和农村经济得到了迅速发展。农产品的不断丰富，不仅保障了人民生活水平持续提高对农产品的需求，也为农产品的出口创汇创造了条件。然而，在我国农业生产的发展进程中，亦未能避开一些发达国家曾经走过的弯路，即在农产品数量持续增长的同时，农产品的质量和安全相对被忽略，使之成为制约农业生产持续发展的突出问题。因此，必须建立农产品标准化体系，并通过示范加以推广。

农产品标准化体系的建立、示范、推广和实施，是农业结构战略性调整的一项基础工作。实施农产品标准化生产，是农产品质量与安全的技术保证，是节约农业资源、减少农业面源污染的有效途径，是品牌农业和农业产业化发展的必然要求，也是农产品国际贸易和农业技术国际合作的基础。因此，也是我国农业可持续发展和农民增产增收的必由之路。

为了配合农产品标准化体系的建立和推广，促进社会主义新农村建设的健康发展，金盾出版社邀请农业生产和农业科技战线上的众多专家、学者，组编出版了《建设新农村农产品标准化生产丛书》。“丛书”技术涵盖面广，涉及粮、棉、油、肉、奶、蛋、果品、蔬菜、食用菌等农产品的标准化生产技术；内容表述深入浅出，语言通俗易懂，以便于广大农民也能阅读和使用；在编排上把农产品标准化生产与社会主义新农村建设巧妙地结合起来，以利农产品标准化生产技术在广大农村和广大农民群众中生根、开花、结果。

我相信该套“丛书”的出版发行，必将对农产品标准化生产技术的推广和社会主义新农村建设的健康发展发挥积极的指导作用。

王连铮

2006 年 9 月 25 日

注：王连铮教授是我国著名农业专家，曾任农业部常务副部长、中国农业科学院院长、中国科学技术协会副主席、中国农学会副会长、中国作物学会理事长等职。

前　言

平菇是世界上生产量最大的食用菌之一，我国平菇产量居世界首位，年产达到370万余吨(2005)。平菇广义上是指侧耳属中一些种，如糙皮侧耳、姬菇、白平菇、肺形侧耳、金顶侧耳、肥脚侧耳等，狭义上是专指糙皮侧耳。平菇栽培品种多，在子实体颜色上多种多样，有黑色、灰色、白色、红色、褐色等。出菇温度范围也多种多样，根据子实体发生的温度条件，分为低温型、中温型、高温型和广温型等。通过多个品种搭配，可进行周年生产。另外，平菇栽培原料广，大部分农林副产物都可用于生产平菇，如木屑、棉籽壳、稻草、麦秸、玉米秸秆、高粱秸秆、豆秸等，栽培简便，技术难度小，因此，在全国各地都有生产。平菇产品除在当地市场鲜销外，还可加工成盐渍菇、罐头、干菇和方便即食型食品。平菇产品还是我国重要出口创汇产品，其中姬菇、白平菇和鲍鱼菇等产品的出口量最大。有的地区已建立了平菇出口产品生产和加工基地，并进行产业化开发。

随着平菇产业的发展，以及人们对无公害食品的需求和出口产品质量标准更高的要求。基于我国目前平菇生产现状，即多以分散式生产为主，规模小，分布广，虽然建立了一些出口产品生产基地，但标准化生产程度不够，产品质量参差不齐，价格悬殊。因此，很有必要建立示范、推广和实施平菇产品标准化体系，开展标准化生产，确保平菇产品质量安全。只有这样，才能壮大平菇产业，增加出口量。为此，我们根据科研所得成果，总结生产经验，参考国内外标准化生产体系等相关文献，编著出了《平菇标准化生产技术》一书。书中详细介绍了13种平菇的生物学特性，经济价值，菌种生产标准化技术，栽培环境与设施标准，栽培出菇管理标准化技术，产品加工质量标准化技术和病虫害控制标准化技术等。本书是以我国颁布的平菇相关标准为基础，对平菇生产过程中标准化操作技术进行了介绍，初步建立了平菇标准化生产技术体系。

在编写过程中，得到了农业部“食用菌优异种质资源和安全生产技术体系引进与创新”、四川省财政食用菌育种工程和四川省科学技术厅食用菌育种攻关等科研项目的资助。还得到了四川金地菌类有限责任公司协助和作者所在单位的诸位同事的帮助，同时参考了多位食用菌专家的科技成果和论文，在此一并致谢！

由于水平有限，难免有错漏之处，敬请读者指正。

编 著 者

2007 年 8 月

编著者单位：四川省农业科学院土壤肥料研究所微生物研究室
联系方式：成都市狮子山路4号二区
邮编：610066　电话：028—84504291，84504890，84504292

目　录

第一章　平菇标准化生产的目的与意义

一、标准化生产的概念

标准化是指在一定范围内获得最佳秩序，对实际的或潜在的问题制定共同的和重复使用的规则活动，它包括制定、发布和实施标准的过程。

平菇生产标准化是指针对平菇的特性，在其生产、加工、包装以及贮运过程中，严格按照已有国家标准和行业标准，以及参考进口国的标准，制定出的一系列平菇产品质量卫生安全的生产、检测以及评价规则。目前，我国已制定出的平菇相关标准有：NY 5099—2002《无公害食品　食用菌栽培基质安全技术要求》；GB 19172—2003《平菇菌种》；NY 5096—2002《无公害食品平菇》等。在生产过程中，须严格按照已制定的相关标准进行。平菇产品标准分为无公害食品、绿色食品和有机食品等。无公害食品、绿色食品和有机食品都属于平菇产品质量安全范畴，都是产品质量安全认证体系的组成部分。无公害食品是保证人们对食品质量安全最基本的需要，是最基本的市场准入条件；绿色食品达到了发达国家的先进标准，满足人们对食品质量安全更高的要求；有机食品则又是一个更高的层次。无公害食品是绿色食品和有机食品发展的基础，而绿色食品和有机食品是在无公害食品基础上的进一步提高。因此，平菇生产最低的标准是要按照无公害食品要求进行。如果生产是供出口的，还须按照出口国的标准生产。

二、标准化生产的内容

平菇生产标准化最终目标是产品质量达到无公害的基本要求，为了保证产品质量，在生产的各个过程中都要按照相关标准进行，即产前、产中和产后都要符合相关标准，各个生产过程都是相辅相成的，只要某一项没有按照标准化进行，最终产品质量也不易达到标准。产前包括生产场所及环境、原材料和菌种等；产中包括栽培条件，水、土壤和病虫害控制等；产后包括产品采收、分级、包装、保鲜、加工设施与设备、加工产品质量等。因此，标准化生产不是单一的产品标准，而是一项综合的标准技术体系，每一个过程都要按照相关标准进行生产操作。

三、标准化生产的意义

我国平菇生产，多为分散性生产，技术水平参差不齐，没有规范性生产参照，菇房随意修建，原材料任意选择，盲目使用化肥、农药，产品中有毒有害物质含量高，造成产品质量参差不齐，严重影响了产品价格。由于国内外产品质量标准不一致，生产出口产品时，还须按照进口国的标准要求进行生产加工。因此，开展标准化生产是保证产品质量的前提，是保证产品出口和增加出口量的关键，也是增加效益的关键，只有开展标准化生产，才能避免出口产品受到“技术壁垒”的制约。

四、标准化生产的作用

(一)利于实施有效的科学管理

无标准生产,其后果必然导致盲目发展,无序竞争,产品规格不一,质量不同,产品名称不一样,价格差异很大。实施标准化生产后,有利于统一标准,量化指标,共同遵守同一个条例规范,秩序井然,有利于科学管理。

(二)利于合理利用资源,节省劳动消耗

全国统一按一个标准进行生产,无论内销还是外销产品,都统一规格,这样就可避免因产品质量参差不齐,出现二次加工,消耗大量劳动力。

(三)利于菌种管理,调整产品结构

菌种生产按照统一标准进行生产、销售,可避免出现同株异名,菌种混乱,致使生产的产品标准不一。在统一标准前提下,可根据当地原材料和气候条件,确定发展适宜品种。

(四)利于产品质量保证,提高应变能力

按照标准化生产,是有效控制有毒有害物污染的前提,生产的产品质量才能保证。这样我们的产品就可正大光明地进入市场,扩大销售量。

(五)利于消除贸易壁垒,提高竞争力

尽管我国已加入了世界贸易组织(WTO),产品可以自由销往其他国家,但各国为保护其本国食用菌产业,提高了标准,给我国食用菌产品制定出了“技术壁垒”,使我国的产品出口仍然受到限制。因此,开展标准化生产,使我国的产品质量标准达到国外的标准,就可有效克服他国制定的“技术壁垒”,从而增加出口量。

第二章　平菇特征特性

一、分类地位

平菇在分类学上隶属于真菌界(Myceteae),担子菌纲(Basidiomycetes),伞菌目(Agaricales),多孔菌种(Polyporaceae),多孔菌亚科(*Polyporoideae*),香菇族(*Lentineae*),侧耳属(*Pleurotus*)。我国已知有侧耳属 12 个种和 5 个变种。我国主要栽培侧耳属种有:糙皮侧耳 *Pleurotus osteratus* (Jacq. :Fr.)Kummer;金顶侧耳 *P. eierinopileagtus* Sing;鲍鱼侧耳 *P. abaloines* Y. H. Han,K. m. chen&S. cheng;盖囊侧耳 *P. cystidiosus* O. K. Mill. ;刺芹侧耳(杏鲍菇)*P. eryngii*(DC)Gillet;阿魏蘑(刺芹侧耳阿魏变种)*P. eryngii var ferulae* (Lanzi)sau. P. ferulae Lenzi;白灵侧耳(白灵菇)*P. nebrodensis* (Inzenga)Quèl;肺形侧耳 *P. pulmonarius*(Fr.)Quél;具核侧耳(虎奶菇)*P. tuber regium*(Rumph. ex. Fr) Singer;肥脚侧耳 *P. platypus*(Cute Massee)Sacc;桃红侧耳 *Pleurotus djamor*(*Pumph. ex Fr.*)*Boedijn in wi*. 等。

我国侧耳属分种检索表

1. 菌盖边缘不规则,菌柄偏生、短、向一侧膨出,菌柄菌肉黄色,仅发现分布于内蒙古 …………………………………………………… 蒙古侧耳(*P .mongolicus*)

1. 菌盖边缘规则或不规则,菌柄有或无,偏生、侧生或中生,菌柄菌肉一般白色,不局限于内蒙古分布 ………

2. 在培养基质或担子果上产生束梗孢子 ………………

2. 不在培养基质或担子果上产生束梗孢子 ………………

3. 菌柄几乎无，无盖生囊状体 ………………
盖囊侧耳台湾变种(*P. cystidiosus var. formosensis*)

3. 菌柄明显，有盖生囊状体 ………………

4. 褶缘囊状体具色素带 …… 鲍鱼侧耳(*P. abalonus*)

4. 褶缘囊状体不具色素带 ………………
盖囊侧耳原变种(*P. cystidiosus var. cystidiosus*)

5. 弱寄生于灌木植物的根部，单系菌丝系统 …………

5. 一般生于阔叶树腐木上，少数生于针叶树腐木上，单系菌丝系统或二系菌丝系统 ………………

6. 菌柄中生或略微偏生 ………………

6. 菌柄显著偏生至侧生 ………………

7. 菌盖表面一般不具龟裂斑纹，皮层菌丝具色素带 …
刺芹侧耳原变种(*P. eryngii var. eryngii*)

7. 菌盖表面常龟裂，皮层菌丝无色素带 ………………
刺芹侧耳阿魏变种(*P. eryngii var. ferulae*)

8. 菌盖表面一般不龟裂，菌柄偏生 ………………
白灵侧耳(*P. nebrodensis*)

8. 菌盖表面龟裂，菌柄侧生 ………………
刺芹侧耳托里变种(*P. eryngii var tuoliensis*)

9. 菌柄中生或略微偏生 ………………

9. 菌柄显著偏生，侧生至无 ………………

10. 担子果从菌核上生出 ………………
菌核侧耳(*P. tuber regium*)

10. 担子果不从菌核上生出 ………………

11. 产生菌幕 …………………… 栎侧耳(*P. dryinus*)
11. 不产生菌幕 ……………………………………
12. 菌盖鲜黄色,漏斗形,菌柄常具分枝 …………
金顶侧耳原变种(*P. cornucopie var. citrnopileatus*)
12. 菌盖暗褐色至赭褐色,或灰白色至灰黄色…………
13. 菌盖表面龟裂…………… 巢柄侧耳(*P. fossulatus*)
13. 菌盖表面不龟裂 …………………………………
白黄侧耳原变种(*P. cornucopiae var. cornucopiae*)
14. 具菌幕,无菌柄………………………………………
贝盖侧耳(*P. calyptratus*)
14. 不具菌幕,有或无菌柄…………………………………
15. 双系菌丝系统 ………………… 红侧耳(*P. djamor*)
15. 单系菌丝系统 ……………………………………
16. 可生于针叶树腐木上 ……… 杉侧耳(*P. abieticola*)
16. 主要生于阔叶树腐木上 ……………………………
17. 菌柄长,成熟时长度超过 4～11 厘米 ……………
灰白侧耳(*P. spodoleucus*)
17. 菌柄较短,长度一般小于 4 厘米 ………………………
18. 孢子较小,长度小于 7.5 微米 ………………………
淡黄侧耳(*P. albellus*)
18. 孢子较大,长度大于 7.5 微米 ………………………
19. 担子果较小,菌盖宽常小于 6 厘米,菌柄粗小于 6 毫米 ……………………… 鸭嘴侧耳(*P. platypus*)
19. 担子果较大,菌盖宽 2.5～11 厘米,菌柄粗 3～12 毫米 ……………………………………………………
20. 主要生于立秋至冬季,担孢子 6.5～13.8 微米×2～

4.5微米 ……………………… 糙皮侧耳(*P. ostreatus*)

20. 主要生于夏末,担孢子 8～9 微米×2.5～3 微米 ………………………… 肺形侧耳(*P. pulmonarius*)

(引自李学玲,2004)

二、形态特征与名称

对本书介绍的 13 个平菇类品种的形态特征简要介绍如下:

(一)糙皮侧耳

中文名:糙皮侧耳。俗名有:平菇、侧耳、冻菌、北风菌等。

学名:*Pleurotus osteratus*(Jacq. :Fr)Kummer.

日文名:ヒラタケ.

英文名:Oyster mushroom.

形态特征:菌盖色泽多种多样,有白色、灰白色、灰色、灰黑色、蓝灰色、褐黄色等,菌盖扇形,直径 2.5～20 厘米,菌肉薄;菌柄侧生至偏生,菌柄圆柱形,长 1～13 厘米,粗 3～12 厘米,实心,基部有白色茸毛;菌褶白色,不等长,衍生;褶绿囊状体有或无,棒状呈圆柱形,顶端棘状,呈卵圆形小滴,侧生囊状体有或无,形同褶绿囊状体;担子棒状,担孢子椭圆形,光滑,无色,大小为 6.5～13.8 微米×2～4.5 微米,孢子印白色或淡紫色。

(二)姬　菇

中文名:糙皮侧耳。

俗名:姬菇、小平菇。

学名:*Pleurotus osteratus* (Jacq. :F. r)kummer.

日文名:ヒラタケ; 商品名:シメジ 或しめじ.

英文名:Oyster mushroom.

形态特征:子实体菌盖初期为半圆形,成熟后为扇形,灰黑色至灰白色,直径 3～12 厘米;菌柄初期近中生,成熟后偏生,圆柱状,白色;菌褶白色,不等长,衍生;孢子印淡紫色。

(三)白 平 菇

中文名:糙皮侧耳。

俗名:白平菇,小白平菇。

学名:*Pleurotus osteratus* (Jacq. :Fr.)kummer.

日文名:ヒラタケ.

英文名:Oyster mushroom.

形态特征:子实体洁白色,不受光照和温度的影响;菌盖扇形,直径 3～15 厘米;菌柄偏生或侧生,圆柱状;菌褶白色,不等长,衍生;孢子印白色。

(四) 鲍鱼侧耳

中文名:鲍鱼侧耳。

俗名:鲍鱼菇。

学名:*Pleurotus abalones* Y. H. Han, K. M. Chen&S . Cheng.

日文名:ォォヒラタケ アヮビタケ.

英文名:Aballone mushroom;Maple oyster mushroom.

形态特征:菌盖扇形,褐色,或灰黑色,直径 5～20 厘米,菌肉白色,厚;菌褶衍生,不等长,边缘呈暗褐色,菌柄偏生,白色至灰白色,长 5～8 厘米;担孢子圆柱形,10. 5～13. 5 微米×3. 8～5微米。

(五)盖囊侧耳

中文名:盖囊侧耳。

俗名:鲍鱼菇,高温平菇。

学名:*Pleurotus cystidiosus* O. K. Mille.

英文名:The maple oyster mushroom, Miller's Oyster mushroom.

形态特征:子实体群生或单生。菌盖4.5～15.5厘米,边缘初期内卷,后平展,表面褐色,被覆细密鳞片,菌肉白色,厚1.2厘米;菌褶衍生,宽0.4厘米;菌柄偏生,长1～6厘米,粗0.8～4厘米;生细密毛;担孢子近圆柱形至长椭圆形,8.5～17微米×3.5～5.3微米。

(六)金顶侧耳

中文名:金顶侧耳。

俗名:榆黄蘑,榆黄菇,菜花菇。

学名:*Pleurotus cierinopileatus* Singer.

日文名:タモギタケ.

英文名:Golden cap mushroom, Citrne pleurotus.

形态特征:菌盖近漏斗形,直径3～11厘米,鲜黄色至金黄色,边缘内卷;菌肉白色,薄;菌褶白色,衍生,不等长;菌柄偏生,白色,内实,长2～10厘米。

(七)栎 侧 耳

中文名:栎侧耳。

俗名:具幕侧耳,裂皮侧耳,栎生侧耳等。

学名:*Pleurotus dryinus* (Pers.) P. Kumm.

形态特征:菌盖圆形,扁半球形,白色至灰色初有细茸毛,成熟时裂为灰褐色块状鳞片,宽3～16厘米,边缘内卷,后展开成波状,常裂为瓣状;菌褶衍生,白色,稍稀;菌肉白色,厚0.4～1.5厘米;菌柄偏生至中生,棒状,长2～13.5厘米,粗1～3.5厘米;担孢子圆柱形至长椭圆形,光滑,无色,8～14.5微米×4.7～8微米。

(八)肺形侧耳

中文名:肺形侧耳。

俗名:凤尾菇,肺形平菇。

学名:*Pleurotus pulmonarius* (Fr.)Quèl.

日文名:ヒマラヤヒラタケ.

英文名:Phoenix eail mushroom, Indian Oyster mushroom.

形态特征:菌盖扇形,灰黑色,直径 3～15 厘米,菌肉白色,薄;菌褶白色,衍生,不等长,有分枝和横脉;菌柄白色,圆柱状,偏生至侧生;担子棒状,21～24 微米×5～7 微米,担孢子圆柱形或椭圆形,8～9 微米×2.5～3 微米。

(九)秀 珍 菇

中文名:肺形侧耳。

俗名:秀珍菇,袖珍菇。

学名:*Pleurotus pulmonarius* (Fr.)Quèl.

日文名:ヒマラヤヒラタケ.

英文名:Phoenix eail mushroom.

形态特征:子实体形态与肺形侧耳相似,只是子实体较小,单生,柄细长。

(十)肥脚侧耳

中文名:肥脚侧耳。

俗名:肥脚平菇,小香菇。

学名:*Pleurotus platypus* (Cute Massee)sacc.

形态特征:子实体簇生,菌盖灰色,初期为半圆形,成熟为漏斗状,菌肉白色,薄,菌褶白色,不等长,衍生;菌柄中生,白色,长 7～8 厘米;每个担子上着生 4 个担孢子,孢子少,担子孢子椭圆形,大小为 2.37～3.27 微米×8.18～10.91 微米。

(十一)荷叶肥脚菇

中文名:荷叶肥脚菇。

学名:*Pleurotus* spp.

形态特征:子实体丛生,菌盖灰色至浅灰色,初期为半圆形,成熟后为漏斗状;菌肉白色,薄,菌褶白色,衍生,不等长;菌柄中生,粗壮。

(十二)具核侧耳

中文名:具核侧耳。

俗名:虎奶菇,菌核侧耳,茯苓侧耳,核平菇,菌核平菇,南洋茯苓等。

学名:*Pleurotus euber regium* (Rumph. ex Fr.)Singer.

英文名:Tiger milk mushroom.

形态特征:菌盖漏斗状,质地坚韧,直径10~20厘米,浅灰色至褐色,有密茸毛;菌肉白色,较薄;菌褶衍生,密,淡黄色;菌柄中生,长3.5~13厘米,棒状,生于菌核上;菌核坚硬,外表皮褐色,内白色,卵圆形,椭圆形;担孢子长椭圆形至近柱状,无色,光滑,薄壁,15~35微米×2.5~4微米。

(十三)红 平 菇

中文名:红侧耳。

俗名:桃红侧耳,玫红侧耳,红平菇。

学名:*Pleurotus djamor* (Pumph. ex Fr.)Boedijn in wi.

日文名:トキィロヒラタケ.

英文名:Pink Oyster mushroom, Straw Berry Oyster mushroom.

形态特征:菌盖贝形,边缘内卷,后展开成扇形,宽4.5~20厘米,初期鲜桃红色,最后褪至淡黄色或白色;菌肉粉红色,厚0.1~0.6厘米;菌褶与盖同色,不等长,衍生;担孢子椭圆形至圆柱形，5.5～9 微米×2.5～4.5 微米。

三、产品质量指标

（一）蛋白质指标

糙皮侧耳蛋白质含量为 10.5%～30.4%；肺形侧耳蛋白质含量为 26.6%；金顶侧耳蛋白质含量为 25%～29.5%；美味侧耳蛋白质含量为 27%；鲍鱼侧耳蛋白质含量为 18.22%～24.19%；肥脚侧耳蛋白质含量为 31.5%；荷叶肥脚菇蛋白质含量为 18%；具核侧耳菌核蛋白质含量为 45%；红平菇蛋白质含量为 23.4%；秀珍菇鲜菇中蛋白质含量为 3.8%；盖囊侧耳干菇蛋白质含量为 19.2%。

（二）氨基酸指标

糙皮侧耳的氨基酸总量为 15.39%；侧耳 HP-1 菌株的氨基酸总量为 16.14%；侧耳 104 菌株的氨基酸总量为 13.64%；肺形侧耳的氨基酸总量为 17.31%；紫孢侧耳的氨基酸总量为 22.69%；金顶侧耳的氨基酸总量为 20.13%；肥脚侧耳氨基酸总量为 23.75%；荷叶肥脚菇氨基酸总量为 12.5%；秀珍菇的氨基酸含量为 26.63%；盖囊侧耳的氨基酸总量为 21.874%。

四、生理生态特性

（一）营养生理特性

平菇类是一种木腐菌，能利用阔叶树木屑和各种农作物的秸秆。栽培时，以木屑、棉籽壳、玉米芯和农作物秸秆等为主料，以麸皮、玉米粉、米糠等为辅料进行生产。

(二)生态特性

1.菌丝和子实体生长的温度指标　平菇类品种菌丝和子实体生长的温度范围和适宜生长的温度条件,因品种和菌株而异,详见表1。

表1　平菇类菌丝生长和子实体生长的温度条件　(℃)

品　种	菌丝生长		子实体生长	
	温度范围	最适温度	温度范围	最适温度
糙皮侧耳	5～35	25～32	5～32	15～25
姬　菇	5～35	25～28	5～25	13～15
白平菇	5～35	25～28	5～22	15～18
鲍鱼菇	20～33	25～28	20～32	25～30
盖囊侧耳	10～35	25～30	20～32	27～29
金顶侧耳	6～32	25～28	15～30	22～28
肺形侧耳	6～32	25～28	8～26	16～22
秀珍菇	6～32	25～28	10～26	15～20
肥脚侧耳	5～30	25～28	8～20	15～18
红平菇	18～30	26～28	18～30	20～28
栎侧耳	20～30	27～28	12～18	12～16
荷叶肥脚菇	5～35	25～28	10～25	13～18
具核侧耳	15～40	35	25～30	28～30

平菇类品种中,糙皮侧耳品种较多,根据子实体发生温度范围分为低温型、中温型、高温型和广温型四种温型,但各种温型的品种在子实体生长温度条件,又没有严格的界限。姬菇和白平菇属于低温型,适宜在冬季生产;肺形侧耳和秀珍菇属于中温型,适宜在春、秋季生产;鲍鱼菇、金顶侧耳和具核侧

耳属于高温型，适宜在夏季生产。

2. 其他生态指标 平菇类13个种生长的水分、湿度、光照、空气和酸碱度，详见表2。

表2 平菇类13个种生长的水分、湿度、光照、空气和pH值范围

品 种	菌丝生长				子实体生长		
	水分(%)	氧 气	光 照	适宜pH值	湿度(%)	氧 气	光 照(勒)
糙皮侧耳	60～65	少	不需要	5.5～6.5	85～95	多	50以上
姬 菇	60～65	少	不需要	5.5～6.5	85～95	多	10～50
白平菇	60～65	少	不需要	5.5～6.5	85～95	多	10～50
鲍鱼侧耳	60～65	少	不需要	5.5～8	90	多	100以上
盖囊侧耳	65	少	不需要	6.0～6.5	85～90	多	500～1000
金顶侧耳	60～65	少	不需要	5～7	85～95	多	100以上
肺形侧耳	60～65	少	不需要	5～7	85～95	多	100以上
秀珍菇	60～65	少	不需要	5～7	85～95	多	100以上
肥脚侧耳	60～65	少	不需要	5～7	85～95	多	50以上
荷叶肥脚菇	60～65	少	不需要	5～7	85～95	多	100以上
红平菇	65	少	不需要	6～7	85～95	多	750～1500
栎侧耳	60～70	少	不需要	6.0～7.5	80～90	多	100以上
具核侧耳	60～70	少	不需要	6.5	90	多	100以上

第三章　菌种生产标准

一、菌种的分级与类型

（一）分　级

平菇菌种根据繁殖方式分为一级种（母种）、二级种（原种）、三级种（栽培种）。

1. 母种（Stock culture）　经各种方法选育得到的具有结实性的菌丝体纯培养物及其继代培养物，以玻璃试管为培养容器和使用单位。平菇类母种菌丝为双核菌丝，具锁状联合，分枝，有横隔；菌落形态为白色，粗壮，生长整齐。

2. 原种（Pre culture spawn）　由母种移植，扩大培养而成的菌丝体纯培养物。常以玻璃菌种瓶，或塑料菌种瓶，或15厘米×28厘米聚丙烯塑料袋为容器。平菇类原种由棉籽壳、或木屑、或玉米芯等为主料，以麸皮、或米糠、或玉米粉等为辅料组成的培养基，装入瓶内或塑料袋内，经高压蒸汽或常压蒸汽灭菌后，由母种移植在培养基上，在适宜温度下培养至菌丝体长满瓶或袋的纯培养物。原种可直接用作生产出菇袋用菌种，也可直接栽培出菇。

3. 栽培种（Spawn）　由原种移植，扩大培养基而成的菌丝体纯培养物。栽培种只能用于栽培，不可再次扩大繁殖菌种。平菇类栽培种，培养基成分是以棉籽壳、或木屑、或玉米芯、或稻草粉、或麦秸等为主料，以麸皮、或米糠、或玉米粉等为辅料组成的。也可用小麦粒、或其他谷粒作培养基。将培养基装入玻璃瓶，或塑料瓶，或 17～22 厘米×33～42 厘米聚乙烯塑料袋或聚丙烯塑料袋，经高压蒸汽灭菌或常压蒸汽灭菌后，将原种移植栽培种培养基上，扩大培养而成的菌丝体纯培养物。栽培种是用作生产出菇袋的菌种，也可直接用于栽培培育子实体。

(二)菌种类型

1. 固体菌种　利用固体培养基培养的菌种。如斜面培养基的母种，用棉籽壳、玉米芯、木屑、麦粒、谷粒、玉米粒等为主料的培养基培养的原种和栽培种。

2. 液体培养基　利用液体培养基培养的菌种，菌种为菌丝体。如用三角瓶装液体培养基，经灭菌、接种后振荡培养的菌种；或者利用液体发酵设备繁殖的液体菌种。液体菌种可用于生产原种和栽培种，也可直接生产培育子实体的出菇袋。

(三)菌种种型

1. 谷粒种　以小麦、大麦、谷子、玉米、高粱等作物种子为培养基培养的菌种。谷粒种具有萌发力强，颗粒小，分散广等特点。谷粒种适宜作生产种，不宜作原种，并且适宜在低温季节使用。因在高温季节，谷粒种在菌种萌发吃料生长后，在谷粒上易生长黄曲霉等杂菌，造成菌种报废。

2. 木屑种　以木屑为主料，以麸皮、或米糠、或玉米粉等为辅料组成的培养基培养的菌种。

3. 棉籽壳种　以棉籽壳为主料，以麸皮、或米糠、或玉米粉等为辅料组成的培养基培养的菌种。

4. 竹签种　将竹子剖成宽 0.3～0.5 厘米，长 8～10 厘米的竹签。用水浸泡吸水湿透，或在水中加入一定量的麸皮、或米糠煮沸 30 分钟后捞出，配以一定量的木屑培养基作填充物组成的培养基培养的菌种。接种时，取 1 根竹签种插入料袋中部，由于菌种是由袋内上下向外繁殖扩展，生长点分布广，因此可缩短发菌时间。

二、菌种生产场所与设备

菌种是纯培养物，不能混杂其他生物，并且要求菌种中菌丝生长健壮、有活力。为了达到这一目标，需要有一个良好的场所，以及配备相应的设备设施。应按照《食用菌菌种管理办法》和NY/T 528《食用菌菌种生产技术规程》的要求选择场所，建立相应的设施、配备相应的设备，才能保证菌种的质量。

（一）菌种场的布局

菌种场是从事食用菌菌丝体纯化培养物的场所。为了提高菌种成品率，降低病、虫、鼠害侵入，应选择好场所并进行科学布局。

1. 菌种场位置　菌种场应选择周围500米以内无家畜饲养场、垃圾处理场、食品加工厂以及生物肥料、微生物制剂厂等生产场所。

2. 平面布局　菌种场的布局应按照有菌区和无菌区相隔，无菌区分为高度无菌区和一般无菌区。即原料堆放场所、配料场所、分装场所和灭菌场所等为有菌区，冷却室和接种室为高度无菌区；培养室和贮藏室为一般无菌区。根据生产工艺和微生物传播规律进行科学布局，菌种场平面布局见图1。

（二）菌种生产设备

1. 母种生产设备

（1）常用器具　玻璃试管应选用18毫米×180毫米，或20毫米×200毫米。试管分装架与医用灌肠杯，橡胶管，止水

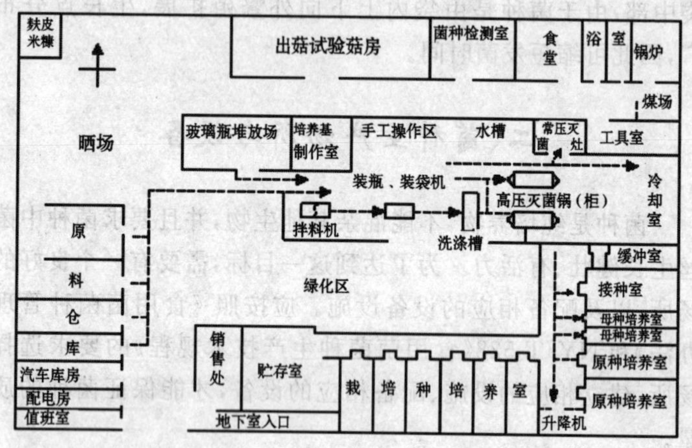

图 1 菌种场的布局

图 2 培养基分装器

夹和玻璃滴管等构成培养基分装器具(图 2)。天平:常用 500～1 000 克的物理托盘天平,或电子天平。量杯或量筒:常用 500～1 000 毫升规格。此外,还须配备酒精灯、接种钩、手术刀、镊子、接种锄等。

(2)灭菌设备　按照 NY/T 528《食用菌菌种生产技术规程》生产母种培养基必须进行高压蒸汽灭菌,不可常压蒸汽灭菌,因此,须配备高压蒸汽灭菌器。高压蒸汽灭菌器有以下几种:

①手提式高压蒸汽灭菌设备　手提式高压蒸汽灭菌设备

体积小，由锅体、锅盖、灭菌桶等组成，在锅盖上有安全阀、排水阀和压力表（图 3）。手提式高压蒸汽灭菌锅分为内加热和外加热两种，内加热式手提式高压蒸汽灭菌锅内安装有电热管，直接连通电源烧开锅内水产生蒸汽进行灭菌；外加热式手提式高压蒸汽灭菌锅，是将高压蒸汽灭菌置于电炉或煤炉上加热。

图 3　手提式高压蒸汽灭菌锅

②全自动高压蒸汽灭菌锅

全自动高压蒸汽灭菌锅，在使用时，只要设置好温度和时间后，时间到后会自动终止灭菌（图 4）。

图 4　全自动高压蒸汽灭菌锅

(3)接种设备

①超净工作台　超净工作台又叫净化工作台，分为垂直和水平层流状态两种类型（图5），是利用空气预过滤器和高效过滤器除尘洁净后，在局部创造无菌空间。

图 5　超净工作台

②接种箱　用木材和玻璃制作的接种箱，接种箱分为单人式和双人式两种。接种母种用接种箱主要为单人式接种箱（图 6）。接种体积小，密闭严，容易创造无菌环境，并且操作人员只伸入双手操作，接触消毒药物少，是较理想的接种设备。在接种箱内须安装 30 瓦紫外线灯和 20 瓦日光灯。

图 6　单人式接种箱

③接种室　接种室应按照无菌室要求进行设计和构建。在接种室入口处应设置缓冲间，入口处的门要错位设置，应安装平行移动门，缓冲间一般宽为 1 米。在接种室内安放实验

台，在内室和缓冲间内均安装玻璃窗，同时安装1～2盏20瓦日光灯和30瓦的紫外线灯1～2盏。接种室地面和墙壁表面要求光滑，密闭较严。

(4)培养箱　培养箱分为电热恒温培养箱和生化培养箱两种(图7)。电热恒温培养箱只能升高温度，不具降低温度的作用，适宜在冬季培养菌种使用；生化培养箱具有升温和降温作用，周年均可调节在适宜的温度范围内。

图7　培养箱

2. 原种和栽培种生产设备　原种和栽培种生产工艺基本相同，其生产设备也可共用。须配备的常用设备有以下几种。

(1)搅拌机　搅拌机是用于配制培养料时，将原、辅材料混合搅拌均匀的设备，根据搅拌料方式主要有以下两种类型。

①料槽式搅拌机　料槽式搅拌机是将原、辅材料装入搅拌槽内，加水后开启电动机搅拌培养料。

②过腹式搅拌机　将原、辅材料预先在地面上干料拌匀

后，再加入所需水。然后，将培养料铲入搅拌机内，利用高速旋转的叶片拌匀培养料。从一侧进料，另一侧出料。这种拌料机结构简易，成本低，体积小，移动方便。

(2)装瓶机　装瓶机分为装玻璃瓶和装塑料瓶两种类型的装瓶机。装玻璃瓶的装瓶机是采用横向将培养料装入瓶内。装塑料瓶的装瓶机是将塑料瓶放入塑料筐内，安放在料槽下，利用料槽的振动让培养料进入瓶中，同时压紧培养料，并在料瓶中打孔，盖上瓶盖，操作过程一体化。

(3)装袋机　装袋机有螺旋状简易装袋机和冲压式装袋机两种类型。

①螺旋状简易装袋机　简易装袋机是利用电动机带动螺旋状轴将培养料从出料筒中排出进入塑料袋内的装袋方式。有大小不同的出料筒的装袋机，适宜不同规格的塑料袋装料，可用于折径为15厘米、17厘米、20厘米，22～23厘米的塑料袋装料。有的装袋机可更换出不同大小的料筒和螺旋状轴。

②冲压式装袋机　冲压式装袋机是将培养料压入料筒内，然后进入出料筒内，利用向下压作用将培养料压入套在出料筒的塑料袋内。这种装袋机还可与拌料机和输送培养料装置连接，进行全流程自动化作业。

(4)灭菌设备　生产原种和栽培种的培养基装入容器中后，须进行灭菌处理，灭菌设备分为高压蒸汽灭菌设备和常压蒸汽灭菌设备两种。

①高压蒸汽灭菌设备　高压蒸汽灭菌设备分为卧式灭菌柜和立式灭菌柜，有圆柱形和正方体形等几种类型，但体积大小不同(图8)。生产者应根据生产量选用设备。高压蒸汽灭菌设备灭菌时的温度可达到120℃～125℃，灭菌时间为1.5～2小时。

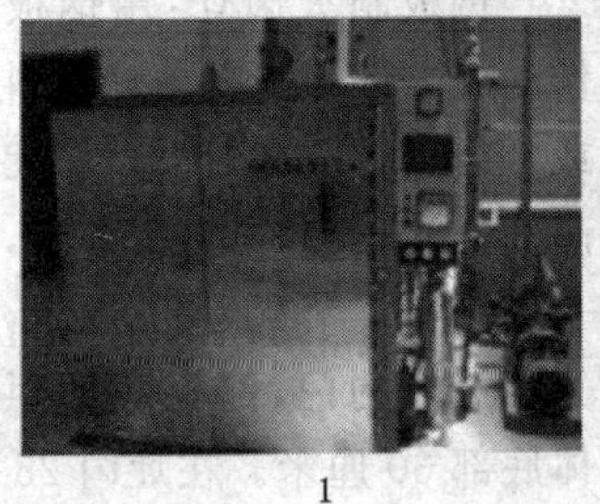

1

2

图 8　高压蒸汽灭菌设备

1. 正方体形高压蒸汽灭菌设备　2. 圆柱形高压蒸汽灭菌设备

②常压蒸汽灭菌设备　常压蒸汽灭菌设备是自己制作的,有用油桶制作的简易灭菌设备,也可用钢板制作常压蒸汽灭菌灶,也有用砖制作的设备等。常压蒸汽灭菌温度 100℃左右,灭菌时间为 8～10 小时。下面介绍几种原种和栽培种生产常用的灭菌灶。

油桶灭菌灶:这种灭菌是用汽油桶制作,体积小,适宜生产者制作原种和栽培种使用,1 次可装料瓶 128～256 个。制作方法是:选择一个完好的汽油桶,去掉顶盖,在距桶底 25 厘米处安装 1 个用钢筋制作的横隔,在桶内放入 1 根厚为 0.12 厘米的桶状塑料薄膜,装好料瓶后,将塑料薄膜扎好,或在顶部罩上塑料薄膜,烧开水产生蒸汽进行灭菌。为了增加灭菌的料瓶数量,可重叠 2 个铁框,框架高为 2 个料瓶的高度(65 厘米),在横隔上方安装 1 个排气阀门,在阀门上套上 1 根细塑料管,将其放入盛有水的桶内,用于调节灶内蒸汽,防止蒸汽胀破塑料薄膜。用蜂窝煤进行加热,操作十分方便,共需要 50 个左右。

图 9　钢板制灭菌灶

钢板制灭菌灶:用钢板制作一个方形柜式灭菌灶对料瓶或料袋进行灭菌(图 9)。灶体高 2.2 米,长和宽为 1.3 米,在一侧制作 1 个宽为 60 厘米,高为 1.2 米的门,门柜底部距灶体底部 30 厘米。在灶内 25 厘米处制作横隔,并在灶体横隔上方两侧安装排气阀门。燃烧装置制作成烧蜂窝煤的灶,用煤车装煤,煤车长 85 厘米,宽 75 厘米,高 40 厘米,1 次可装 148 个蜂窝煤。煤燃烧殆尽后,即灭菌结束。

砖制灭菌灶:用砖和水泥砂浆制作的土蒸灶,是食用菌生产中常用土蒸灶(图 10)。灶长和宽各为 1.5 米,高为 2 米,在灶内安装 1 个口径为 1 米的铁锅。在灶体一侧制作 1 个门,门高为 1.2 米,宽为 50 厘米,在门框两侧安装 2～3 个铁环,门用木板制作,在门内壁贴一层塑料薄膜。在灶体与烟道之间做 1 个水池,即安装 1 个口径为 50 厘米的小铁锅,四周用砖砌成水池状,并在灶上开 1 个小口,或安装一根铁管,便于向灶内锅中补充热水。在锅缘四周放置一层砖,铺上木棒和木板后作横隔。灶膛为燃烧普通煤的灶。

图 10　砖制灭菌灶

(5)接种设备　接种设备常用接种箱和接种室,同母种生产设备。接种原种的接种箱为双人接种箱。

(6)培养室　培养室是培养菌种的场所(图11)。要求具有良好的调温、遮光、通风和干燥环境。在培养室内安装床架,放置瓶装菌种和袋装菌种的床架规格也不一样。放置瓶装菌种的床架高1.8米,宽0.6米,层距0.3米。排放菌袋的床架高2米,宽0.2米,层距0.45米。为了调节温度,应在培养室内安装空调或煤炉,或电热炉等调温设备。

(7)菌种贮藏设备

图11　培养室

菌种贮藏设备分为留样贮藏和待用贮藏设备两种。按照NY/T 58《食用菌菌种生产技术规程》的规定,销售的每一批号的各级菌种都应留样备查。留样的数量应以每个批号母种3～5支,原种和栽培种5～7瓶(袋),于4℃～6℃下贮存,贮存至使用者在正常生产条件下,该批菌种出第一潮菇。或者生产的各级菌种在没有及时使用或出售时,为了保证菌种质量,防止菌种老化、出菇或冻死,也应贮存在适宜的条件下。常用的贮藏设备有以下几种。

①电冰箱或冷藏柜　调节温度在4℃～6℃下,可用于母种贮藏,以及原种、栽培种留样。

②低温贮藏室　用制冷机组进行降温,适宜于较大的贮藏室,贮藏的菌种数量多时使用。调节温度在4℃～6℃下进行。

③加热设备　在北方冬季气温低于0℃时,应使用暖气机、电加热器和暖风机等,将温度控制在4℃～6℃,贮藏原种

和栽培种。

④空调 在夏季高温季节，调节室温在15℃下，同时贮藏原种和栽培种。

三、消毒与灭菌方法

消毒与灭菌是两种不同的概念。消毒是指采用物理和化学方法消除培养物中培养物以外的其他微生物的方法；灭菌是指采用物理和化学方法杀灭培养物中一切微生物的方法。

(一)化学药物

1.常用消毒灭菌药品种类及用途 食用菌菌种生产须使用消毒剂和杀菌剂，用于接种工具，菌种容器外壁的杀菌，常用的药品见表3。

表3 常用消毒灭菌药品及使用方法

药品种类	浓度(%)	用 途
酒 精	70～75	容器、工具等表面消毒
新洁尔灭	0.25	容器、工具接种室内表面和空间喷雾消毒
来苏儿	2～3	同新洁尔灭
甲 醛	2	熏蒸和喷雾杀菌
高锰酸钾	0.1～0.2	容器、工具、表面消毒
克霉灵	0.1	容器、工具、表面消毒
多菌灵	0.1	容器、工具表面消毒
过氧乙酸	0.2～0.5	表面消毒和空间喷雾消毒
气雾消毒剂	2克/米^3	用于熏蒸杀菌
甲基托布津	0.1	表面消毒或空间喷雾消毒

2. 化学灭菌方法 主要用于菌种容器外壁、工具擦拭杀菌以及接种室、培养室内空间喷雾，或熏蒸。用于防止接种时杂菌混入菌种内，以及培养时出现两次感染杂菌。

（二）物理灭菌

1. 高温灭菌 高温杀菌分为干热灭菌和湿热灭菌两种。干热灭菌方法是在干燥条件下加热杀死微生物，如将接种工具在酒精灯火焰上进行灼烧杀菌，棉花塞在 160℃烘箱内杀菌等；湿热灭菌是利用蒸汽产生高温来灭菌，如培养基在高压锅内 121℃下灭菌，在常压蒸汽灭菌灶内 100℃左右下灭菌等。

2. 紫外线消毒法 在接种箱和接种室内，安装上紫外线灯，使用前开启杀菌 30 分钟，利用紫外线杀死杂菌。紫外线杀菌的机制是使细胞内核酸、蛋白质和酶发生广泛化学变化而死亡。还可将空气中氧气部分地转化为有杀菌作用的臭氧（O_3）。紫外线须直接照射才有杀菌作用，适宜于空气和物体表面消毒。紫外线灯的杀菌效果主要取决于照射剂量，照射时间应不低于 25 分钟，距离不得超过 1 米。紫外线对细菌的杀灭效果较好，但对真菌的杀灭效果较差，因此，只能作为辅助灭菌。

3. 微波灭菌 利用微波产生的高温对其他微生物进行杀灭。

4. 辐照灭菌 利用^{60}Co产生的 γ 射线杀灭微生物，适宜不能进行高温方式灭菌的物品。

5. 过滤除菌 空气的过滤除菌是利用空气净化设备，如超静工作台、生物安全箱、无菌室灯，使空气通过孔隙小于0.2微米的高效过滤器，利用物理阻留、静电吸附等原理除去介质中的微生物，使空气达到净化的目的。

6. 臭氧杀菌灯消毒法 在杀菌灯内安装有臭氧发生管，在电场的作用下，将空气中氧气转换为臭氧。利用臭氧的强大氧化作用进行杀菌。用于空气消毒时，人员在消毒结束 20～30 分钟后方可进入。

四、菌种生产技术规程

平菇菌种是指菌丝体及其生长基质的繁殖材料。菌种是生产的基础，其质量直接关系到子实体的产量和质量。由于菌种可进行多次和多级扩大繁殖，1 支母种经繁殖后，可栽培数亿袋，若菌种出现质量问题，造成的损失极大。因此，菌种生产必须按照菌种生产技术规程进行。

（一）母种生产技术规程

母种是以菇体组织、或孢子、或菇木中分离得到的；同时，也是育种家利用杂交、诱变、基因工程等方法获得的优良品种。用于生产母种的种源对生产影响重大，生产者应从育种者单位，或具有菌种保藏条件的单位引种，无论是从何处引进的母种，都必须进行栽培出菇比较试验，确定其是否为优良品种，并适宜当地生产条件后，才能用于大面积生产。

1. 培养基制作技术规程

（1）培养基种类与配方

PDA 培养基：马铃薯 200 克，葡萄糖 20 克，琼脂 20 克，水 1 000 毫升。

PSA 培养基：马铃薯 200 克，蔗糖 20 克，琼脂 20 克，水 1 000 毫升。

CPDA 培养基：马铃薯 200 克，麸皮 50 克，葡萄糖 20 克，琼脂 20 克，水 1 000 毫升。

宾田氏培养基：酵母粉 5 克，葡萄糖 20 克，琼脂 20 克，水 1 000 毫升。

(2)培养基配制技术规程　以 PDA 培养基为例进行介绍。将马铃薯去皮后切成薄片，放入铝锅内，加水 1 000 毫升，加热煮沸 20 分钟，用 4 层纱布过滤获得滤液。然后，在滤液中加入 20 克琼脂，继续加热煮沸使琼脂条完全熔化，再加入 20 克葡萄糖，加热搅拌溶解混匀，最后补足水至 1 000 毫升。趁热并在凝固之前，将培养基分装入试管内。

(3)分装技术规程　用分液漏斗将培养基分装入试管内，装量为试管的 1/4，约三指宽。分装时，注意试管口内壁不要附着上培养基，以免附着在棉塞上造成杂菌感染，分装好的培养基要直立放在桶内或框内。

(4)棉塞制作技术规程　棉塞是用棉花制作。先取一块棉花铺平成立方形，然后卷曲成柱状，再将两端向内折成短圆柱状，再塞入试管内。棉塞松紧度要适宜，过松则起不到阻止杂菌作用，易感染杂菌，而且还易脱落；过紧则不易拔出。此外，还可事先制作好棉塞，在烘箱内 160℃烘烤 2～3 小时，经固型和灭菌后使用。也可在手提式高压蒸汽灭锅内灭菌 1 小时，达到固型和灭菌后使用。

(5)灭菌技术规程　培养基分装好后，要及时灭菌，防止培养基内细菌生长，造成培养基变质。当天分装的培养基要当天灭菌。灭菌时，先在锅内加入水，加水至水位线。将试管装培养基直立放入桶内，再放入手提式高压蒸汽锅内，盖严锅盖，加热将桶内水烧开并产生蒸汽。当压力上升至 0.05 兆帕时，停止加热，打开排气阀门排去气体，如此进行两次，其目的是排尽锅内冷空气，防止出现假压现象，造成灭菌不彻底。或者在开始灭菌时，开启排气阀门，排气 10 分钟。排完冷空气后，关闭排气阀门，继续加热，当压力上升至 0.147 兆帕，即安全阀自动放气时，开始计时，并在此压力下保持 30～40 分钟。然后，停止加热并微开启排气阀门，缓慢排出锅内气体，切勿完全打开排气阀门，否则会造成培养基喷出试管。排气结束，并且压力表指针回到“0”时，开启排气阀门，打开锅盖，冷却至 55℃左右时，取出制作成斜面培养基。

(6)斜面培养基制作技术规程　在桌面上放置 1 根厚为 1 厘米的木方条，以此为枕木，将培养基试管取出，管口一端靠在木方条上，试管内培养基就自然成倾斜状，以斜面底部刚至管底，上端距棉塞 4～5 厘米为宜(图 12)，切勿使培养基与棉塞接触。在尚未凝固之前不要移动培养基试管，否则会造成培养基斜面变形。

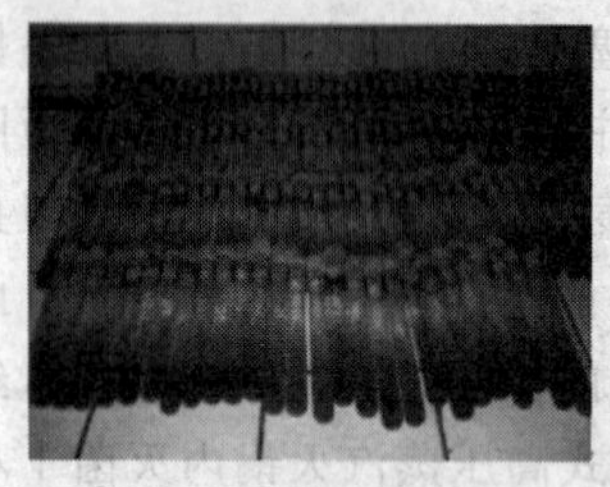

图 12　斜面培养基制作

(7)培养基无菌检验　制作好的培养基，须在 20℃以上放置 3 天后，待培养基表面没有细菌和其他真菌等出现后，表明培养基已灭菌彻底，方可使用。

2. 扩大繁殖技术规程

(1)转接菌种技术规程　菌种转接操作须在超净工作台，或接种室，或接种箱内，酒精灯火焰旁进行。首先将接种钩用 75%酒精棉球擦拭杀菌处理后，再在酒精灯火焰上灼烧杀菌并冷却后，再用来钩取菌种。左手握着 1 支母种和 1 支待接种的培养基，轻轻旋转棉塞取下，放在右手指缝间夹着，试管口放置在酒精灯火焰旁 1 厘米内。用接种钩将菌种分割成小块，大小如绿豆大，挑取一块带培养基的菌种，放在斜面培养基中部，塞上棉塞。再换另

1 支待接种的培养基试管。一般 1 支母种可转接 80～100 支菌种，接种后，须在试管上贴上标签。

（2）培养发菌技术规程　将菌种装入筐内或捆成把放入恒温培养箱内，或培养室内。保持在适宜的温度下，遮光培养发菌；当菌丝体生长布满培养基后，即用于繁殖原种。同时留一部分菌种贮存在 4℃～6℃的冰箱内，作为留样菌种和下一次再扩大繁殖菌种使用。

（二）原种生产技术规程

1. 培养基配方与制作技术规程

（1）培养基配方

配方 1　棉籽壳 88%，麸皮 10%，石膏 1%，石灰 1%，含水量 60%～65%。

配方 2　玉米芯 88%，麸皮 10%，石膏 1%，石灰 1%，含水量 60%～65%。

配方 3　木屑 78%，麸皮 20%，蔗糖 1%，石膏 1%，含水量 60%～65%。

（2）培养基制作技术规程　先将主料和辅料干混拌匀，再加入水（料水比 1∶1.1～1.2）拌匀，蔗糖要先溶解于水中后，再拌入培养料。利用机械或人工充分拌匀培养料。拌匀的培养料要求干湿均匀，手捏料时无水滴出，手指缝间有水可见。使用玉米芯的培养料，须堆放 1 天后再装瓶，其目的是使培养料充分吸水湿透。配制好培养料要及时装瓶，防止培养料中细菌大量繁殖，造成灭菌不彻底。

2. 装瓶技术规程　将瓶子平放在地面上，再将培养料铺放在瓶口上，用木板来回推动，使培养料落入瓶内，然后再用添加培养料装满瓶，并用手指压实压平整表层料，装料至瓶颈部位。或者用漏斗装培养料，用木棒将培养料压入。还可用装瓶机进行装料。装入的培养料要求松紧适度，装料过松易失水干燥；装料过紧，通透性差，菌丝生长速度减慢。装好培养料后，用木棒在料中央打孔至瓶底。最后，用清水洗净瓶口内壁和瓶外壁上培养料。在瓶口上用聚丙烯塑料薄膜封口，或者用棉花塞封口（图 13）。装好培养料的料瓶，须及时进行灭菌处理，避免培养料中细菌繁殖，造成灭菌不彻底，影响菌种质量。

1　　2

图 13　装　瓶

1. 装好的瓶　2. 用塑料膜封口

3. 灭菌技术规程　生产原种的料瓶最好在高压蒸汽锅内灭菌。只有在高温条件下，才能彻底灭菌，并且培养菌种菌丝生长浓密，整齐。也可在土蒸灶内灭菌。高压蒸汽灭菌的操作方法是：将料瓶放入蒸汽灭菌锅内，在 0.05 兆帕压力下，排放两次气后，再在 0.2 兆帕下，保持 2～3 小时进行灭菌。土蒸灶内灭菌方法是，在 100℃左右下灭菌 12～13 小时。

4. 冷却技术规程　灭菌的料瓶，须冷却至 35℃以下，才能接种。否则菌种会被高温烧死。冷却是在专门的冷却室内进行；或者在接种室或接种箱内进行。

5. 接种场所的消毒技术规程　接种操作须在接种箱或

接种室内进行。首先将灭菌了的料瓶移入接种场所内,然后用气雾消毒盒点燃熏蒸杀菌,或者用甲醛与高锰酸钾混合后产生气体进行熏蒸杀菌,杀菌处理 1～2 小时。接种锄用 75%酒精擦拭杀菌后,再在酒精灯火焰上灼烧杀菌并冷却后使用。

6. 接种技术规程　将料瓶倾斜放在支架上,去掉封口物,使瓶口位于酒精灯火焰旁。将母种分割成 4～5 块,钩出 1 块菌种放入瓶口,并稍压一下菌种,使菌种与培养料接触好,然后迅速封盖好瓶口。

7. 培养发菌技术规程

(1)培养室的消毒与杀虫处理技术规程　培养室在使用之前,喷洒杀虫剂和杀菌剂杀灭害虫和清除杂菌。

(2)排放菌种瓶标准　将接上菌种的瓶子直立排放在培养架上,不可横卧排放,否则菌种会离开培养料,萌发后无法吃料生长。

(3)培养室环境条件控制标准　培养期间,环境条件要求遮光、干燥,空气相对湿度在 80%以下,通风良好,温度控制在 25℃左右下培养。

(4)菌种检测技术规程　培养 5～10 天,检查菌种中有无杂菌感染和是否生长正常,及时清除感染杂菌的菌种和生长不良的菌种,防止平菇菌丝覆盖杂菌而无法辨认。菌丝体长满瓶后,须及时使用,防止长出子实体,或者菌种失水,而无法使用。不能及时使用的,须在 4℃～6℃下保藏。

(5)防虫、鼠害技术规程　培养室在使用之前,须喷洒杀虫农药杀灭害虫,在培养期间,也要定时喷洒农药除虫。同时,在门窗上安装防虫网,阻止害虫进行。此外,还须抓好鼠害的防治工作,因老鼠喜食母种的菌种块,在室内投放毒鼠药。

(三)栽培种生产技术规程

1. 培养基配方　栽培种培养基配方同栽培种。此外,栽培种还可使用麦粒、谷粒、高粱等来生产。

配方为:麦粒或谷粒或高粱98%,石膏2%。

2. 培养基配制技术规程　其他培养料的配制方法同原种。

麦粒培养基制作方法是:麦粒要求无虫害、霉变。先将麦粒放入水中,去除浮于水面的杂质和发育不良的麦粒。然后,放入锅内,加入水煮沸至麦粒内无白心,但又没有破裂为止,捞出沥去水,摊开冷却晾干麦粒表面水分。或者放入2%～3%石灰水中,在25℃以上的水温中浸泡6～8小时,然后捞出沥去麦粒表面水分。最后,拌入2%石膏粉,即可装瓶。

3. 装料技术规程　栽培种的装料,可用蘑菇专用玻璃瓶,或者塑料瓶,或者17厘米×33厘米,20～22厘米×42～43厘米等规格的聚乙烯塑料袋和聚丙烯塑料袋装料,但麦粒培养基最好使用750毫升的玻璃瓶或塑料瓶。

4. 灭菌技术规程　灭菌可在高压锅内灭菌,也可在常压灭菌灶内进行。灭菌方法同原种。

5. 接种　接种场所的消毒方法同原种。原种瓶表面用75%酒精,或0.25%新洁尔灭等杀菌剂进行杀菌处理。瓶口用75%酒精擦拭后,再在酒灯火焰上灼烧杀菌,并挖取表层菌种后,再将菌种挖取出来,放入料瓶内并稍压实,使其与培养料充分接触,并且菌种要完全覆盖培养料。

6. 培养技术规程　培养室的消毒与杀虫处理同原种。将瓶装栽培种直立排放在培养架上,或者横卧排放在地面上。袋装菌种排放方式与气温有关。气温低于20℃时,将菌袋排放在床架上,或者地面上,在地面上排放5～6层菌袋;当气温高于 25℃时，应采取“井”字形排放菌袋。将温度控制在 25℃～28℃。

菌丝长满瓶或袋后，及时使用。不能及时使用的，须在 4℃～6℃下贮藏，防止菌种失水，或者出菇。

五、菌种质量要求

菌种质量直接关系到有无收获，以及收多少和产品质量，俗话说“有收无收在于种，收多收少在于种”。衡量菌种质量优劣的指标主要有 3 个方面：种性、活力、纯度。种性是由品种遗传特性决定的，种性包括菌丝形态、生长温度范围、pH 值、光照、水分，以及子实体形态、产量、温型和抗逆性等。

（一）母种的质量要求

1. 感官要求 GB 19172－2003《平菇菌种》对侧耳属平菇、紫孢侧耳、小平菇、凤尾菇、佛罗里达平菇等母种的感官要求符合表 4 规定。

表 4 母种感官要求

项 目	要 求
容 器	完整，无损
棉塞或无棉塑料盖	干燥、洁净、松紧适度，能满足透气和滤菌要求
培养基灌入量	试管总容积的 1/5 至 1/4
斜面长度	顶端距棉塞 40～50 毫米
接种块大小(接种量)	3～5 毫米×3～5 毫米

续表 4

项　目		要　求
菌丝外观	菌丝生长量	长满斜面
	菌丝体特征	洁白、浓密、旺健、棉毛状
	菌丝体表面	均匀、舒展、旺健、无角变
	菌丝分泌物	无
	菌落边缘	整齐
	杂菌菌落	无
斜面背面外观		培养基不干缩，颜色均匀，无暗斑，无色素
气　味		有平菇菌种特有的清香味、无酸、臭、霉等异味

但金顶侧耳母种外观特性应为菌丝白色，茸毛状，不舒展，具有浓密而短的气生菌丝。在25℃±1℃黑暗条件下培养，10天左右长满斜面。鲍鱼侧耳和盖囊侧耳母种外观特性应为菌丝粗壮，浓密，气生菌丝少，表面有棒状分生孢子梗和黑色分生孢子。在PDA培养基上，28℃±1℃黑暗条件下培养，15天左右长满斜面。

2. 微生物学要求　按照GB 19172—2003《平菇菌种》的标准，平菇母种微生物学要求应符合表5规定。

表5　母种微生物学要求

项　目	要　求
菌丝生长状态	粗壮、丰满、均匀
锁状联合	有
杂　菌	无

3. 菌丝生长速度　除金顶侧耳菌丝在PDA培养基上，

适温 25℃±2℃下，10 天左右长满斜面。鲍鱼侧耳适温 28℃±2℃下，15 天左右长满斜面。其他平菇类品种在适温 25℃±2℃下，6～8 天长满斜面。

(二)原　种

1. 感官要求　原种的感官要求符合 GB 19172－2003《平菇菌种》中的规定，见表 6。

表 6　原种感官要求

项　目		要　求
容　器		完整、无损
棉塞或无棉塑料盖		干燥、洁净、松紧适度，能满足透气和滤菌要求
培养基上表面距瓶(袋)口的距离		50±5 毫米
接种量(每支母种接原种数，接种量大小)		4～6 瓶(袋)，≥12 毫米×15 毫米
菌种外观	菌丝生长量	长满容器
	菌丝体特征	洁白、浓密、生长旺健
	培养物表面菌丝体	生长均匀，无角变，无高温抑制线
	培养基及菌丝体	紧贴瓶壁，无干缩
	培养物表面分泌物	无，允许有少量无色或浅黄色水珠
	杂菌菌落	无
	拮抗现象	无
	子实体原基	无
气　味		有平菇菌种特有的清香味，无酸、臭、霉等异味

2. 微生物学要求　应符合母种微生物学要求。此外，鲍鱼侧耳和盖囊侧耳在容器上部还有黑色分生孢子梗和分生孢子。

3. 菌丝生长速度 除鲍鱼侧耳和盖囊侧耳，在28℃±1℃下，50～60天长满容器外，其他平菇类菌种，在25℃±2℃下，25～30天长满容器。

（三）栽培种

1. 感官要求 平菇栽培种的感官要求应符合GB 19172—2003《平菇菌种》中的规定，见表7。

表7 栽培种感官要求

项目		要求
容器		完整、无损
棉塞或无棉塑料盖		干燥、洁净、松紧适度，能满足透气和滤菌要求
培养基上表面距瓶（袋）口的距离		50±5毫米
接种量：每瓶（袋）原种接栽培种数		4～6瓶（袋），≥12毫米×15毫米
菌种外观	菌丝生长量	长满容器
	菌丝体特征	洁白、浓密、生长旺健
	培养物表面菌丝体	生长均匀，无角变，无高温抑制线
	培养基及菌丝体	紧贴瓶壁，无干缩
	培养物表面分泌物	无，允许有少量无色或浅黄色水珠
	杂菌菌落	无
	拮抗现象	无
	子实体原基	无
气味		有平菇菌种特有的清香味，无酸、臭、霉等异味

2. 微生物学要求 应符合母种的微生物学要求。此外，鲍鱼侧耳和盖囊侧耳在容器上部还有黑色分生孢子梗和分生

孢子。

3. 菌丝生长速度 除鲍鱼侧耳和盖囊侧耳在适温(28℃±1℃)下,40～50 天长满瓶(袋)外,其他平菇类品种,在适温(25℃±1℃)下,在谷粒培养基上长满瓶应 15±2 天,长满袋应 20±2 天;在其他培养基上长满瓶应 20～25 天,长满袋 30～35 天。

六、菌种的包装、标签、标志、包装运输、贮存要求

(一)包 装

1. 母 种 母种内包装用报纸或其他干燥、无霉变纸包裹,外包装用木盒或有足够强度的纸材制作的纸箱,或泡沫箱,内部用棉花、碎纸、报纸、泡沫等具有缓冲作用的轻质材料填满。

2. 原种和栽培种 外包装采用有足够强度的纸材制作纸箱,内用碎纸、报纸等具有缓冲作用的轻质材料填满,用打包带捆扎好。

(二)标 签

每支(瓶、袋)菌种要贴有清晰注明以下要素的标签:产品名称(如:平菇母种)。品种名称(如:川白平菇 1 号)。生产单位(如:四川金地菌类有限责任公司)。接种日期(如 2007.4.20)。执行标准。

(三)包装标签

每箱(盒)菌种必须贴有清晰注明以下要素的包装标签:产品名称。品种名称。厂名,厂址、联系电话。出厂日期。保质期,贮存条件。数量。执行标准。

(四)包装贮运图示

按 GB/T 191 规定，应注明以下图示标志：小心轻放标志。防水、防潮、防冻标志。防晒、防高温标志。防止倒置标志。防止重压标志。

七、菌种质量检验

(一)菌种质量检验标准

菌种标准是菌种质量的主要依据。目前，我国已颁布了 NY/T 528《食用菌菌种生产技术规程》，GB 19172－2003《平菇菌种》。NY/T 1097－2006《食用菌菌种真实性鉴定 酯酶同工酶电泳方法》，以及即将颁布的《食用菌品种真实性鉴定 随机扩增多态性 DNA 法》等。

(二)菌种质量检验方法

1. 菌种感官检验

(1)母种　母种的感官检验项目包括容器、棉塞、斜面长度、菌丝生长量、斜面背面外观、菌丝体特征、培养基上表面距瓶(袋)上的距离、分泌物、杂菌菌落、子实体原基、拮抗现象和角变。

①容器　观察试管有无破损，是否洁净。

②棉塞　观察试管内棉塞上是否有真菌。松紧度以手提棉塞是否脱落与否判定，脱落者为不合格；塞入试管内棉塞达到 1.5 厘米，试管外露长度达到 1 厘米为合格。

③斜面长度　用游标卡尺测量斜面顶端距试管口的距离，斜面的距离为 4～5 厘米为合格，与棉塞接触为不合格。

④斜面背面外观　观察培养基是否与试管壁分离以及顶部是否萎缩。

⑤分泌物　平菇类菌种无分泌物出现，有分泌物则为不合格。

⑥杂菌菌落　观察斜面顶端是否有真菌，有真菌的为不合格。

⑦子实体原基　观察斜面培养基上有无原基形成，有原基形成的为不合格。

⑧拮抗现象和角变　从斜面正面和背面观察是否有拮抗现象，有拮抗现象则为不合格；从斜面正面观察菌丝体长势，出现浓密不均匀的角变现象，则为不合格。

(2)原种和栽培种

①容器　观察容器有无破损，外壁是否洁净，有破损和不洁净影响观察菌丝体的为不合格。

②封口物　封口物为棉塞的，观察有无真菌，松紧度以拔出和塞入不费力为合格，塞入容器内长度达到 2 厘米，外露长度达到 1 厘米为合格。用塑料薄膜和纸封口的，观察有无破损和真菌，无破损，无真菌的为合格。无棉塑料盖只检测洁净度。

③培养基上表面距瓶(袋)口的距离　培养基上表面应与瓶(袋)口的距离为 3～5 厘米，与瓶(袋)口不足 3 厘米的则为不合格。

④菌种生长量　菌丝体已长满瓶(袋)，同一品种同一批次的菌种，有的已满瓶(袋)，有的生长量不足 1/2 的，则为不合格。

⑤杂菌菌落　观察瓶(袋)口、内部以及瓶口内壁上有无真菌，凡有真菌的，则为不合格。

⑥菌丝体特征　菌丝体具有本品种的外观特征，凡菌丝体发生明显变异的，则为不合格。

⑦拮抗现象　观察有无拮抗现象，凡出现拮抗现象的，则为不合格。

⑧培养基与菌丝体　观察有无干缩，培养基出现萎缩现象，凡出现有萎缩离壁的则为不合格。

⑨分泌物　无，或者有少许无色或黄色水珠；凡出现大量黄色水珠的，则为不合格。

⑩气味　在无菌条件下，去掉封口物，顺风鼻嗅，有平菇特有的气味，无霉味和酸臭味的则为合格。

⑪原基形成　允许有少量原基，但总量不超过5%。凡有菇长出瓶（袋）口的则为不合格。

2. 菌丝形态特征观测　在干净载玻片上，滴1滴无菌水，取少量菌丝于水中，展开菌丝体，盖上盖玻片，在40倍物镜下观察菌丝形态，包括粗细，有无锁状联合，平菇类品种应具有锁状联合，凡无锁状联合的，则为不合格。

3. 菌种活力检测　菌种活力检测是对菌种是否死亡的判断。

将母种、原种和栽培种的菌种，取不同部位的菌种转接在PDA培养基上，在25℃下培养，5天后观察菌种是否萌发生长，凡不萌发生长的则为不合格。或者从原种和栽培种中取出部分菌种，装入无菌塑料袋内，或无菌培养皿内，密封，在25℃左右下，放置5天观察菌种是否萌发，凡是不萌发的，则为不合格。

4. 菌种纯度测定　检测菌种是否含有杂菌。用于生产的菌种，要求不含有任何杂菌。

(1)真菌检验　从母种、原种和栽培种中，取上、中、下部菌种，在无菌条件下，接在PDA培养基上，在25℃～28℃下培养，5天后，取出在光照充足条件下观察，凡与平菇菌种完全不同，或者表面有白色、红色、灰绿色、黄色或黑色分生孢子出现的，则为不合格。

(2)细菌检验　从母种、原种和栽培种中，取上、中、下部菌种，在无菌条件下，接种在 PDA 培养基上，在 25℃～28℃下培养，5 天后取出，在光照充足条件下观察。凡有糊状的细菌菌落出现的，则为不合格。

5. 菌种的真实性鉴定　在菌种生产和流通中，出现菌种混乱现象在生产上造成较大损失，如将毛木耳菌种当作平菇菌种，将低温型平菇品种当作高温型平菇品种，造成同名异种。为了确保用于生产的品种无误，须对使用的菌种真实性进行鉴定。

(1)拮抗试验　拮抗试验又叫对峙培养，是根据不同品种之内，以及不同菌株之内都会出现拮抗现象，如平菇与香菇、姬菇与金顶侧耳、平菇杂优 1 号与侧 5 等之内均会出现拮抗现象。拮抗试验方法是：取待测菌种与留样菌种，或者怀疑菌种，分别接种在 PDA 斜面培养基上，或 PDA 平板培养基上，在 25℃左右下培养，待菌丝生长相互接触后，观察接触部位有无栅栏线出现，凡有栅栏线出现的，则为不同品种或菌株。

(2)酯酶同工酶图谱和 DNA 指纹鉴定　我国已颁布了 NY/T1097—2006《食用菌菌种真实性鉴定　酯酶同工酶电泳方法》，以及即将颁布的《食用菌品种真实性鉴定随机扩增多态性 DNA 法》，这两个标准可用于菌种和品种真实性进行鉴定。随着分子生物学技术的发展，可用于菌种和品种真实性鉴定的方法较多，如 AFLP(扩增性片段长度多态性)、SCAR(锚定序列引物扩增反应)、ISSR(内部简单重复序列)、SRAP(相关序列扩增多态性)和 IGS_2 序列等。此外，酯酶同工酶图谱和 DNA 指纹图谱已可用于菌种纯度、菌株亲缘关系和分类地位的确定。

八、菌种保藏与贮藏技术规程

(一)菌种保藏技术规程

1. 菌种保藏的目的 菌种保藏的目的是防止菌种退化、死亡以及感染杂菌和病菌。保藏菌种的原理是通过低温、缺氧、避光及缺乏营养等方法,使菌种的代谢水平降低,甚至完全停止,达到半休眠或完全休眠状态,而在一定时间内得以保存。在需要时,再通过提供适宜生长条件使其恢复活力,并仍然保持原有的生命力和优良特性。

2. 常用的保藏技术规程

(1)斜面低温保藏技术规程 将母种放入冰箱内,4℃~6℃下进行保藏的方法。培养基应制成短斜面状,试管口用棉塞封着试管口,若用带孔的橡胶塞(孔用棉花堵着),或者硅胶塞封口,方可减缓培养基失水,从而延长保藏期。但须每隔3~6个月转接培养1次,取长势良好的菌种再进行保藏。

(2)液状石蜡保藏技术规程 液状石蜡须在高压锅内灭菌1小时后,再在烘烤箱内去除水分,冷却后使用。将液状石蜡直接加入斜面培养基上培养好的菌种中,使液状石蜡液面高出斜面培养基1厘米左右。管口用橡胶塞堵着,直立放置在室温下保藏,可保藏2~10年。使用时取出菌种转接培养,由于刚转接的菌种上带有石蜡,菌丝生长弱,须多次切取前端菌丝转接培养,除去液状石蜡后,方能恢复正常。

(3)固体培养物保藏技术规程

①木屑培养基保藏技术规程 培养基为阔叶树木屑78%,麸皮20%,石膏1%,蔗糖1%,含水量60%。拌匀培养

料后，装入试管内，用塑料薄膜或者用硅胶塞封口，经高压灭菌 1 小时，接入菌种，再改用棉塞封口，在适温下培养，让菌丝体长满培养料，或距底部约 1 厘米时进行保藏；将菌种置于冰箱内 4℃～6℃下贮藏。

②麦粒菌种保藏技术规程　此方法是用麦粒作培养基保藏的方法，可保藏 1～4 年。首先将小麦粒用水浸泡 6～8 小时；或者煮至熟而不破裂为止，捞出沥去水后，拌入 2%石膏粉，装入试管内，在 0.147 兆帕压力下灭菌 2 小时。然后接入菌种，在适温下培养，让菌种长满麦粒，然后在冰箱内或室温下贮藏。

(4)液氮超低温保藏技术规程　液氮超低温保藏法是将菌种装入含有冷冻保护剂的塑料管内，然后置于液氮(—196℃)中进行保藏，使菌种代谢降低到完全停止状态。该种保藏法理论上可保藏 1 200 年，是菌种长期保藏的最有效、最可靠的方法。

①菌种准备　在 PDA 培养基平板上接种，在 25℃下培养 10～15 天，让菌丝充分生长后，用打孔器(直径 2～4 毫米)切割菌种块。

②塑料管准备　塑料管是带盖的专用塑料管，经高压灭菌(121℃)30～40 分钟，并在烘箱内 60℃下烘干后使用。

③保护剂　用 10%的甘油水溶液或 10%二甲基亚砜水溶液作冷冻保护剂。将冷冻保护剂经高压灭菌后，分装入保藏管内，在无菌条件下，将菌种块放入装有保护剂的塑料管内，封盖好管口。

④液氮保藏　将装有菌种的塑料管放在用铝材制作的槽内，由下至上依次装入槽内，并做好标记。然后进行程序降温，在 5℃下处理 15 小时，再以每分－1℃降温至－40℃后，

将其置入液氮灌中液氮内进行长期保存。在保藏期间，随时补充液氮，防止液氮减少。

⑤启用方法　启用菌种时，先将菌种管置于35℃～40℃温水中，使管内冰块迅速融解，在无菌条件下，取出菌种块移置在PDA培养基上，在25℃下培养活化。

(二)菌种留样贮藏

1. 留样的目的　按照NY/T 528《食用菌菌种生产技术规程》和GB 1972—2003《平菇菌种》的规定，各级菌种都要留样备查，留样的数量应每个批号母种3～5支(瓶、袋)，于4℃～6℃下贮存，母种5个月，原种4个月，栽培种2个月。留样的菌种应在第一潮菇长出后，使用者无异议时，才可终止留样。

2. 留样贮藏技术规程　留样的母种放入冰箱内4℃～6℃下贮存。原种和栽培种放入冷藏柜内或者置于室内4℃～10℃下贮存。在贮存期内，要防止出菇和菌种死亡。

九、菌种生产和经营

(一)菌种生产经营要求

根据食用菌菌种管理办法，从事菌种生产经营的单位和个人，应当取得《食用菌菌种生产经营许可证》。母种和原种《食用菌菌种生产许可证》由所在地县级人民政府农业行政主管部门审核，省级人民政府行政主管部门核实，报农业部备案。栽培种《食用菌菌种生产经营许可证》由所在县级人民政府农业行政主管部门核实，报省级人民政府农业行政主管部门备案。

(二)菌种生产经营应具备的条件

1. 生产经营母种和原种应具备的条件 生产经营母种注册资本100万元以上,生产经营原种注册资本50万元以上。须配备由省级人民政府农业行政主管部门考核合格的检验人员1名以上,生产技术人员2名以上。有相应的灭菌、培养、贮存等设备和场所,有相应的质量检验仪器和设施。生产母种还应当有做出菇试验所需的设备和场所。生产场地环境卫生及其他条件符合农业部NY/T 528《食用菌菌种生产技术规程》要求。

2. 生产经营栽培种应具备的条件 注册资本10万元以上。省级人民政府农业主管部门考核合格的检验人员1名以上,生产技术人员1名以上。有必要的灭菌、接种、培养、贮存等设备和场所,有必要的质量检验仪器和设施。栽培种生产场地的环境卫生及其他条件应符合农业部NY/T 528《食用菌菌种生产技术规程》要求。

(三)《食用菌菌种生产经营许可证》的申请

申请《食用菌菌种生产经营许可证》应当向县级人民政府农业行政主管部门提交下列材料:食用菌菌种生产经营许可证申请表。注册资本证明材料。菌种检验人员、生产技术人员资格证明。仪器设备和设施清单及产权证明,主要仪器设备的照片。菌种生产经营场所照片及产权证明。品种特性介绍。菌种生产经营质量保证制度。

申请母种生产经营许可证的品种为授权品种的,还应当提供品种权人(品种选育人)授权的书面证明。

第四章　栽培场所与设施标准

一、场地环境标准

(一)生产环境条件要求

1. 水　栽培平菇需要大量水，包括配制培养料用水和出菇期间保湿用水，水中是否含有有毒有害物质，直接关系到平菇产品的质量。因此，生产用水应符合国家 GB 5749—85《生活饮用水卫生标准》的要求，见表 8。

表 8　生活饮用水卫生标准

项　目	指　标
色	不超过 15 度，不呈其他异色
浑浊度	不超过 3 度，特殊不超过 5 度
臭和味	不得有异臭、异味
肉眼可见物	不得含有
pH 值	6.5～8.5
总硬度	≤450 毫克/升
铁	≤0.3 毫克/升
锰	≤0.1 毫克/升
铜	≤1.0 毫克/升
锌	≤1.0 毫克/升
挥发酚类	≤0.002 毫克/升
阴离子合成洗剂	≤0.3 毫克/升

续表 8

项　目	指　标
硫酸盐	≤250 毫克/升
氯化物	≤250 毫克/升
溶解性总固体	≤1000 毫克/升
氟化物	≤1.0 毫克/升
氰化物	≤0.05 毫克/升
砷	≤0.05 毫克/升
硒	≤0.01 毫克/升
汞	≤0.001 毫克/升
镉	≤0.01 毫克/升
铬(六价)	≤0.05 毫克/升
铅	≤0.05 毫克/升
银	≤0.05 毫克/升
硝酸盐(以氮计)	≤20 毫克/升
氯　仿	≤0.06 毫克/升
四氯化碳	≤0.003 毫克/升
苯并(α)芘	≤0.01 微克/升
细菌总数	≤100 个/毫升
总大肠杆菌	≤3 个/升
游离余氯	不低于 0.3 毫克/升,管网末梢不低于 0.05 毫克/升

2. 气　平菇生产环境空气也是对产品污染的因素之一。平菇在生产过程中需要吸收氧气,排除二氧化碳,空气污染物可被平菇子实体吸收富集。因此,产地的大气应符合 NY/T

391—2000《绿色食品产地环境技术条件》中空气环境质量要求,见表9。

表9 空气中各项污染物的指标要求

项目	指标	
	日平均	1小时平均
总悬浮微粒(TSP),毫克/米³,≤	0.30	—
二氧化硫(SO_2),毫克/米³,≤	0.15	0.5
氮氧化物(NOx),毫克/米³,≤	0.10	0.15
氟化物(F),滤膜法,≤	7微克/米³	20微克/米³
挂片法≤	1.8微克/分米²·日	

3. 土壤 在平菇生产过程中,有时进行覆盖土壤栽培,平菇菌丝可从在土壤中吸收养分和水生长;同时,也可从土壤中吸取有毒有害物质,最终富集在子实体内。因此,用于覆土栽培时的土壤质量应符合NY//T 391—2000《绿色食品产地环境技术条件》中土壤环境质量要求,见表10。

表10 土壤中各项污染物的指标要求

项目	耕作条件					
	旱田指标			水田指标		
pH值	<6.5	6.5~7.5	>7.5	<6.5	6.5~7.5	>7.5
镉,毫克/千克,≤	0.30	0.30	0.40	0.30	0.30	0.40
汞,毫克/千克,≤	0.25	0.30	0.35	0.30	0.40	0.40
砷,毫克/千克,≤	25	20	20	20	20	15
铅,毫克/千克,≤	50	50	50	50	50	50
铬,毫克/千克,≤	120	120	120	120	120	120
铜,毫克/千克,≤	50	60	60	50	60	60

(二)生产环境

1. 场地周边的环境选择 生产场地周边环境的地势、卫生状况、污染源的有无等综合环境质量,直接影响着平菇产品质量。因此,选择一个良好的环境条件是生产出无公害平菇的关键。

(1)地势 平菇生产场地要求地势高,平坦,地势开阔,通风良好,有利于排水防涝,控制杂菌。

(2)环境选择 平菇生产应远离可能造成污染的地方,周边环境应符合食品卫生要求,对人体健康无危害,没有污染源和虫源。要远离人口密集居民点和公路主干道,周边无垃圾堆放场、无禽畜场、堆肥场,以及产生化学污染的各类工厂等。

2. 场所内部环境 平菇生产场地内部小环境对平菇生长发育过程影响大。要求内部环境易调节温度,保湿,光照强,通风良好。营造良好的内部环境条件,有利于控制病虫害发生,减少农药使用量;还有利于提高产量和产品质量。内部环境与菇房的建造是分不开的,通过建造或选择适宜平菇生长发育的菇房,是进行平菇生产的关键。

二、标准化菇房与设施

(一)菇房结构与建造标准

1. 屋脊式草棚菇房标准

(1)菇房规格标准 菇房为屋脊式,宽 6～8 米,长度因地势而异,中部高 3.5～4 米,两侧高 1.6～1.8 米。

(2)菇房建造方法 用竹竿或木材制作屋架,在房屋中央直立粗竹竿或木棒,高度为 3.5～4 米,相距 2 米直立一根,在两侧各直立两排立柱,立柱高度依次降低,纵向相距 2 米直立一根，横向相距1.5～2米直立1根。在顶部纵横交错地捆绑上竹竿，使之成为一个“人”字形屋架。菇房用草帘（草帘用麦秸、稻草制作）或野草覆盖。或者先薄盖一层草帘后，再在其上盖上一层塑料薄膜，再盖上一层草帘，这样可防止漏雨和延长草帘的寿命。四周也用草帘围盖，或者用双层遮阳网围盖。在一端开门，门高为1.8米，宽1.5米。为了建造一个大型的菇房，可将一个一个菇房并排连接，中间不设围栏，这样便形成一个连体式大型菇房（图14）。

图14 屋脊式草棚菇房标准图

2. 平顶式草棚菇房标准

（1）*菇房规格标准* 为长方体或正方体，顶部为平顶。用竹竿或木棒制作屋架，菇房高为2～3米，长和宽因地势而定。纵向间隔2米直立1根立柱，横向间隔1.5米立立柱，顶部纵横交错地排放竹竿，用铁丝固定。

（2）*菇房建造方法* 在顶部和四周盖上草帘，草帘用稻草、麦秸或玉米秸秆制作。为了防止雨水进入菇房，可在顶部先盖上一层塑料薄膜后，再盖上草帘。

3. 水泥瓦菇房标准

(1)*菇房标准* 菇房为屋脊式,用竹竿或木棒制作菇房的屋架,顶部高为3.5～4米,两侧高为1.8米,宽为6～8米,长度因地势而异。

(2)*建造方法* 在菇房顶部盖上水泥瓦,四周直立排放水泥瓦用作围墙,在水泥瓦无法遮挡部位用草帘围盖。或者四周用双层遮阳网围盖。为了防止水泥瓦吸热升高菇房内温度,可在水泥瓦下方做一层草帘来隔热。另外,可将几个水泥瓦房并排连接形成一个大型菇房,相连接处不设围栏,并做1个引水槽将雨水排出室外。

4. 屋脊式遮阳网菇房标准

(1)*菇房标准* 菇房为屋脊式,中部高为3米,两侧高为1.6米,宽为7米,长度因地势而异。房屋顶部为“人”字形结构。

(2)*建造方法* 先在顶部盖上1层黑色塑料薄膜,再在其上盖上遮光率为95%以上的遮阳网,并用细竹竿捆夹着遮阳网,防止被风掀掉。四周用水泥瓦直立作围墙,或者用草帘围盖,也可用遮阳网围盖。将几个菇房并排连接形成一个大型菇房,面积可达到5 000平方米。

5. 拱形遮阳网菇房标准

(1)*菇房标准* 菇房顶部为弧形,下方为长方形。菇房高为2.8米,宽为6米,长度因地势而异。

(2)*建造方法* 预先制作好立柱和弧形钢筋,立柱为水泥柱,在水泥柱的一端预埋一个螺栓;再制作一个跨度为6米的弧形钢筋,在钢筋两端焊接一个带圆孔方形钢板,孔径与螺栓直径一致。在菇房的两侧相距2米直立水泥柱,水泥柱埋入土中的高度为0.8米,形成1排水泥柱,将弧形钢筋放在水泥柱上，两端上螺母固定，在钢筋之间相距50厘米，放入用竹竿制作的弧形架，在两侧和中央各横放1根竹竿固定。然后，在顶部先盖上塑料薄膜，再在其上盖上遮光率在95%以上的遮阳网，四周用水泥瓦直立排放作围墙，或用草帘围盖(图15)。为了建造一个大面积的菇房，可将几个菇房并排连接，相交部位不设围栏。

图15　拱形遮阳网菇房标准图

6. 泡沫板菇房标准

(1)菇房标准　菇房分为拱形式或屋脊式两种。菇房宽为6米，顶部高为3米，两侧高为1.5米，长度因地势而异。

(2)建造方法　制作方法参照塑料大棚和屋脊草棚菇房。在菇房顶部盖上泡沫板，并用竹板捆夹固定，四周用双层遮阳网或草帘围盖。为了增加菇房的面积，可将几个菇房并排连接形成一个大型菇房。

7. 塑料大棚标准

(1)菇房标准　菇房宽为5.5米，长度因地势而异，中部高为1.8米。

(2)建造方法　先规划出菇房的位置，在两侧相距50厘米直立直径为2～3厘米的新鲜竹竿，将两侧的竹竿相向弯曲，在中央交接后用绳捆绑好，即形成一个拱形架，如此一排一排地制作好拱形架，在顶部和两侧放上横竿固定着拱形架，棚内中央相距1.5米直立竹竿支撑着棚架，增加其牢固性能。另外，棚架可用铁管制作，这种棚架牢固性好，使用时间长。最后盖上宽为8米的白色塑料薄膜或无滴塑料薄膜，四周用土块压着(图16)。并在菇房四周开好排水沟。在夏季高温季节，需在塑料大棚上盖上遮阳网或草帘来隔热降温。

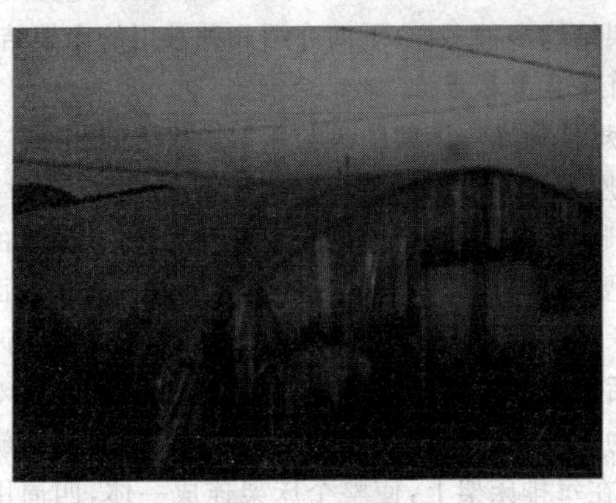

图16　塑料大棚标准图

8. 日光温室大棚标准

(1)日光温室大棚标准　日光温室大棚规格为：长50～70米，宽为6.5～8米。在北面砌砖墙，则可增加保温效果，在墙体上开通风窗口，东西两侧的墙高为2米，顶部为斜坡状。南面为塑料拱棚，其他部位为砖墙。

(2)建造方法　棚架用铁管或钢筋制作，一端固定在北墙上，另一端入土中，形成一个弧形棚架，相距1米排放棚架。再在棚架上均匀地排放3根横杆，固定好拱形架。盖上热合成整体的塑料薄膜，接触地面部位用土块压实。再在塑料薄膜上盖上编织好的草帘，将草帘用绳串连好便于收卷，一端固定在北墙上，另一端自然放下并可完全盖严塑料薄膜，在东面或西面做一个“之”字形门。在白天卷起草帘露出塑料薄膜，让阳光照射升高棚内温度，夜间盖上草帘保温。

(二)菇房内部设施标准

在菇房内搭建床架进行立体栽培，可提高菇房的利用率。栽培床架结构多种多样，下面介绍几种常用的床架结构。

1. 竹竿床架标准

(1)规格标准　床架中央与床架中央之间相距1米，床架宽为20厘米，上下层之间距离为30厘米。

(2)制作方法　整个床架全用直径为2～3厘米的竹竿制作，竹竿要求较直，以冬季砍伐的竹竿为好。先在地面上直立2排竹竿，相距1.5米直立1根，2排竹竿之间距离为20厘米。然后横放2根竹竿，固定在立竿上，下层距地面20厘米，其高度为1.8米。制作好床架后，在床架顶部纵横放置长竹竿，固定在每排床架上，使整个床架连成一体，四周用竹竿斜撑着床架，以防止床架倾斜倒塌。

2. 砖框柱床架标准

(1)规格标准　同竹竿床架标准。

(2)制作方法　用砖砌制床架的直立框架，在框架上排放2根竹竿，即为一个床架，这种床架牢固，不易倾斜倒塌。先在地面排放4块砖作基脚，然后直立排放3块砖，再在上面横放2块砖，用水泥灰浆粘接，如此一层一层地制作，使之成窗格状，共制作6～7层。相距1.5米制作一个立柱框架。在框架上排放2根竹竿即为一个床架(图17)。

3. 活动式床架标准

(1)规格标准　同竹竿床架标准。

图17　砖框柱床架标准图

(2)制作方法　先在地面直立一排粗竹竿或木棒，相距2米直立1根，每排竹竿之间相距1米，上端2米处放上横杆固定。需要进行床架栽培时，在竹竿间地面上排放砖，再排放菌袋，每排放1层菌袋后，在菌袋上排放2根竹板或竹竿，如此一层菌袋一层竹竿地码袋，即成为一排一排的菌袋墙(图18)。不需要进行床架栽培时，拆去横杆即为一个空旷的菇房。

图18　活动式床架标准图

4. 水泥柱铁丝床架　先制作若干个水泥柱，水泥柱高为 2.5 米，在水泥柱上开圆孔，孔与孔之间间距为 0.3 米，孔径为 0.3～0.5 厘米。将水泥柱直立起来，纵向距离为 1～1.5 米，横向间距为 1 米。然后在水泥柱的孔上放入 1 根粗竹竿或木棒，长度为 0.3 米，最后在横杆上拉上铁丝，在铁丝上排放菌袋。铁丝要拉直捆牢，防止排放上菌袋后下陷，菌袋滑落。

5. 砖梯床架 砖梯床架的制作方法是：在地面上相距 1.5～2 米直立 1 根粗竹竿或木棒，靠在木棒上侧放 1 块砖，并用绳捆绑固定，再在其上直立排放另 1 块砖，也捆绑固定，如此一层一层地排放砖，使之形成一个梯状结构，在砖上排放 2 根竹竿即为一个床架，床架之间相距 70 厘米，用作人行道。

6. 水泥梯柱床架标准 用水泥浇筑两侧呈梯状的水泥柱，高度为 2.8 米。将水泥柱直立于耳棚内，相距 1.5～2 米立 1 排，在其上放上 2 根竹竿即为床架，每排床架之间相距 70 厘米。

7. 钢架床架标准 钢架床架具有结构牢固，经久耐用等优点。钢架床架用角钢制作，高 2.5 米，宽 0.2 米，层距 2.4 米。床架之间相距 0.7 米(图 19)。

图 19 钢架床架

三、生产设备

(一)灭菌设备

灭菌设备分为高压蒸汽灭菌灶和常压土蒸灶两种类型，生产上常用的为常压土蒸灶，常压土蒸灶容量大，制作成本低。现在已开发出了多种多样的常压蒸汽灭菌灶。

1. 油桶灭菌灶标准

(1)制作方法　选择 2 个完好无损的汽油桶，将一个桶的盖环割掉，另一个桶环割成 2 个，并去掉顶盖，整个灶由一个桶加另半个桶组成。在桶内放一块厚为 0.12 厘米，宽为 1 米的塑料薄膜，将塑料薄膜张开成桶状，并高出桶 1 米左右。用塑料薄膜来防止蒸汽溢出，升高温度进行灭菌。在桶 25 厘米处安装一个用钢筋制作的横隔，下层装水。加热装置可制作成烧煤或烧蜂窝煤的灶，其中以烧蜂窝煤的灶操作方便，煤燃烧结束后，灭菌就结束。蜂窝煤灶的炉膛长和宽均为 30 厘米，高为 48 厘米，在距地面 18 厘米处安装炉条，1 次可装 25 个蜂窝煤。并在灶缘开 2 个通风口。放上油桶后即成为一个灭菌灶(图 20)。

(2)操作技术规程　将料袋装入桶内，直立排放，一层一层地堆码，直到有半个料袋露出为止，共可装入 80 个料袋。最后用绳扎着塑料袋，但不要完全扎牢，留有一条小缝隙以便排气。加热烧开桶内水产生蒸汽升高温度，当塑料薄膜被蒸汽胀鼓成气囊状时，表明温度已上升至 100℃左右，此时，关闭通风口，降低火力，小火维持并一直保持塑料薄膜呈气囊状。当煤燃烧结束后，再闷半天或一夜，利用余热继续杀菌。从开始点火到灭菌结束，需要 24 小时左右。

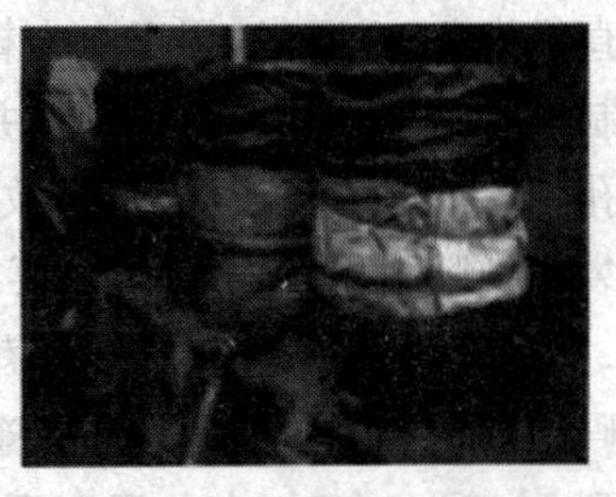

图 20　油桶灭菌灶示意图

2. 砖制土蒸灶标准

(1)规格标准　单锅灶的灶体长和宽均为 1.5 米，高为 2 米，灶内安装一个口径为 1 米的铁锅。双锅灶是指灶内并排两口直径为1米的铁锅，长为3米，宽2米，高为2米。

(2)制作方法　灶体用砖砌制而成，并且在内、外壁上都抹上水泥沙浆，要求内壁光滑。双锅灶内双锅之间设置1个水槽，使两锅水互相流通。另外，需在灶外侧，即在烟道与灶体之间设置一个热水池，热水池用小铁锅制作，口径为50厘米，四周用砖制一个边框，形成一个热水池，在灶体内与热水池之间安装1根铁管，便于向灶内锅中补充热水，防止水被烧干后烧坏铁锅。在灶体一侧开1个门，门的大小以能对角线放入铁锅为宜，以便更换被烧坏了的铁锅。门也不宜过大，否则不易密封。在距底部40厘米处开门，门高为120厘米，宽为50厘米。门框边缘向内凹进4厘米，边缘要求呈水平状且光滑，便于门与门框紧贴漏气量少。在门的两侧均匀地各安装3个钢筋环，直径为7～8厘米，用于上木棒加木楔扣紧门板。门板用木板制作，在内侧贴上塑料薄膜，并在中央开1个插入温度计的小孔。在灶体内排放2块砖，放上木板作横隔，在横隔上排放料袋。炉膛制作成烧煤的灶，要求煤燃烧时火力大。

(3)操作技术规程　灭菌时，将料袋整齐地一层一层地堆码在灶内，每排料袋之间留缝隙利于蒸汽流通。当温度上升到100℃左右时，在此温度下保持13～15小时，再闷一夜后，开门取出料袋。

3. 小型钢板灭菌灶标准

(1)规格标准　灶体规格为高2.2米，长和宽均为1.3米。在一侧开一个宽为60厘米，高为1.2米的门。

(2)制作方法　用钢板焊接制作，以蜂窝煤作燃料。在灶内距底部30厘米处，焊接一圈角钢，用于排放木板作横隔。底层钢板厚为0.5厘米，其余部位的钢板厚为0.3～0.4厘米。在横隔两侧各排放1根带小孔的铁管，并一端伸出灶体外，安装上阀门，用作排气之用。门边缘焊一圈角钢，并焊接上螺栓。门也用钢板制作，在门边缘开圆孔，与螺栓相对应，便于将门扣上后用螺母扣紧（图 21）。炉膛制作成烧蜂窝煤或散煤。以烧蜂窝煤的炉膛为好，使用方便。烧普通煤的灶膛同土蒸灶。用蜂窝煤作燃料的灶，用一个煤车装煤燃烧，煤车底部为炉条，四周用铁板制作，在下方角安装 4 个铁环作轮子，煤车长 85 厘米，宽 75 厘米，高度为 40 厘米，1 次性可装 148 个大号蜂窝煤，煤车装煤后，煤顶部距灶体的高为 3 厘米左右。

（3）操作技术规程　灭菌时，在灶体内装足水，使水面距横隔约 5 厘米。然后整齐地排放料袋，一次可装料袋 500 个。关闭门后，送入点燃了几个煤的煤车。当灶内水被烧开，打开排气阀门有大量蒸汽出现时，用铁板挡着炉膛口，小火维持保温。若门关闭较严不漏气时，应微开启排气阀门，让部分气体排出，防止产生高压，胀破灶体。煤燃烧结束后，再闷一夜或半天后取出料袋。

图 21　小型钢板灭菌灶标准图

4. 大型钢板灭菌灶标准

（1）规格标准　灶体长 3 米，宽 1.8 米，高 2.4 米，或长为 3 米，宽为 2 米，高为 2 米等不同规格的灶体。灶体内底层为盛水槽，在距底部 30 厘米安装横隔。在一侧中央开 1 个门，一端安装 1 个进水管，另一端安装 1 个水位管，水位管距底部

10厘米左右，在水位管上连接1根透明的塑料管竖直起来，通过塑料管内水位来判断灶体内水量。加热装置为燃煤的灶，一端为燃烧煤的炉膛，另一端设置烟道(图22)。

图22　大型钢板灭菌灶标准图

(2)制作方法　同小型钢板灭菌灶。

(3)操作技术规程　同小型钢板灭菌灶。

5. 开放式船形灭菌灶标准

(1)规格标准　灶体长2.5米，宽为1.8米，高为0.6米。

(2)制作方法　灶体用钢板制作，底层钢板厚为0.5～0.8厘米，四周钢板厚为0.3～0.4厘米。在距底部40厘米处设置横隔，横隔支撑架用铁管制作，间隔30厘米排放一根，在中央直立铁管支撑。靠两边的铁管兼作排气管，在铁管上开数个小孔，一端延伸出灶体并安装上阀门。在一侧安装一个进水管。灶体四边设置平台，平台与灶体呈45°倾斜，宽为40厘米。在灶体四周内壁焊接1个短铁管，间隔30厘米1个，用于竖直高为1米的铁管。另外，在平台下方焊接铁钩，用于拴绳(图23)。燃烧装置设计为烧蜂窝煤的灶。用砖墙将灶体支撑起来，使灶体距地面的高度为70厘米，三面为砖墙，中间用砖墙分隔成两个炉膛。用2个煤车装蜂窝煤，每个煤车内装200个。煤车底部为炉条，四周用铁板制作，四个角上安装铁环作轮子。煤车长1米，宽1米，高为45厘米。

图23　开放式船形灭菌灶标准图

(3)操作技术规程　装袋灭菌时，在灶内装30厘米深的水。在铁管上排放木板，四周直立1.5米高的铁管。将料袋整齐地码好，并使顶部料袋高于铁管并呈龟背形（图24）。用1张厚为0.12厘米，宽为8米的塑料薄膜覆盖，再在其上盖上彩色薄膜，四周平台上用沙袋压紧塑料薄膜，要求压紧压实。然后用绳纵横交错地捆绑好，防止蒸汽掀开塑料薄膜。在煤车内放置几个点燃的煤后，送入灶膛内，当煤完全燃烧起来，烧开水产生大量蒸汽，并使塑料薄膜鼓胀似气囊状时，用铁板遮挡煤车入口处，减少通风量，小火维持（图25）。当煤燃烧结束，塑料薄膜不再呈气囊状时，再闷一夜或半天后取出料袋，从灭菌开始到结束，需要24小时左右。

图24 装灶标准图

图25 灭菌操作标准图

6. 外源蒸汽式灭菌灶标准

（1）蒸汽发生装置标准　用铁柜装水烧开产生蒸汽供灭菌之用。铁柜长1.5米，宽1米，高0.55米，铁柜用钢板焊制，在顶部安装1个铁管用作输送蒸汽，一侧距底部10厘米处安装1根铁管作进水管，并兼作水位管。将铁柜置于砖墙上，距地面高为40厘米，三面为墙。另外，制作一个煤车，煤车长1.3米，宽0.9米，高0.3米，在煤车内装蜂窝煤250个左右进行灭菌（图26）。

图 26　外源蒸汽式灭菌灶标准图

(2)灭菌场所标准　灭菌室是在地面上建造,选择一个地势平坦的场地作堆码料袋灭菌的场所。先在地面上四周和中央砌砖作横隔的支脚,高度为两块砖的厚度。然后排放上粗竹竿或木板,再铺上编织袋,形成一个平台(图 27)。最后排放料袋,将料袋顶部排放成龟背形,再用 1 张厚为 0.12 厘米塑料薄膜和 1 张彩条薄膜覆盖,四周用沙袋压实。用塑料管连接在排气管上,将塑料管的另一端,伸入堆料袋的平台下方,送入蒸汽产生 100℃左右的高温灭菌。灭菌室的大小根据料袋的多少而异,可设计为长×宽为 3.5 米×2.3 米,1 次可灭菌 1 000～2 000 个料袋。此外,还可用钢筋制作一个框架,在柜内装料袋进行灭菌。

图 27　灭菌场所标准图

(3)操作技术规程　同开

放式船形灭菌灶。

7. 油桶供气灭菌灶标准

(1)油桶产气设备标准　用3个汽油桶制作，将2个汽油桶并排放置在炉灶上，再在2个汽油桶上放置1个汽油桶，下面2个汽油桶装水供产生蒸汽用，上面1个汽油桶装水向下面2个汽油桶内补充热水，下面2个汽油桶各安装1个排气管和1个进水管，上面汽油桶上各安装1个排水管和进水管。或者将3个油桶并排作产生蒸汽的装置(图28)。炉灶制作成以散煤或蜂窝煤作燃料的灶。其中以蜂窝煤作燃料的炉灶，操作方便，在煤车内1次装250个蜂窝煤，煤燃烧结束后，灭菌就结束。

图28　蒸汽发生设备示意图

(2)灭菌室标准　在油桶灶旁边平整地面上，制作灭菌室，先在地面上排放砖，再在砖上排放竹竿或木棒，然后铺上一层编织袋；或者用钢材制作框架，中间设置横隔。灭菌室规格为长3.5～4米，宽2.5～3米。将料袋整齐堆码起来，顶部堆码成龟背形。最后盖上1张塑料薄膜和1张彩条塑料薄膜，四周用沙袋压实，防止蒸汽大量排出。

(3)操作技术规程　灭菌时，将输送蒸汽的塑料管伸入灭菌室料袋横隔底部，当塑料薄膜鼓胀成似气囊状时，保持15～18小时，在灭菌期间，塑料薄膜鼓胀成似气囊状时，小火维持始终保持其似气囊状，即温度可达到100℃左右。灭菌时间到了后，再闷半天或一夜后取出。

(二)装袋设备

1. 拌料机

图 29　过腹式拌料机

(1)过腹式拌料机　这种拌料机体积小,移动方便,是生产上常用的拌料机械(图29)。其工作原理是利用高速旋转的叶片将培养料打散混合拌匀。拌料时,需先将干原料混合拌匀后,再加入所需水,然后铲取培养料倒入开启的拌料机内,通过高速旋转的叶片将培养料混合拌匀后排出,1 次没有拌匀的,须再拌 1 次,直到拌匀为止。此外,还可用来粉碎菌渣。

(2)料槽式拌料机　这种拌料机是将培养料一并加入料槽内,开启电机利用旋转的叶片翻动拌匀培养料,再加入水搅拌混匀(图 30)。

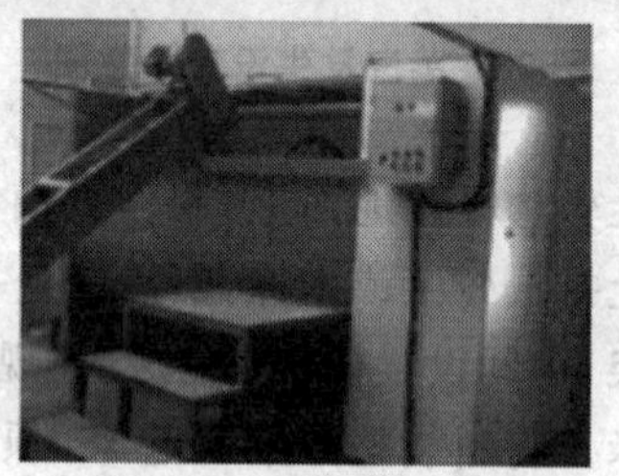

图 30　料槽式拌料机

(3)其他拌料机　还可利用装袋机来拌料,即将先加水初混匀的培养料,倒入装袋机内通过旋转螺旋状轴的挤压作用将培养料拌匀。也可用水稻、小麦脱粒机来拌料,其操作方法同过腹式拌料机。

2. 装袋机

(1)简易式装袋机　简易装袋机是利用电动机带动螺旋状轴将培养料从出料筒中排出进入塑料袋内的装袋方式(图31)。有不同大小出料筒的装袋机,适宜不同规格的塑料袋装料，可用于折径为 15 厘米、17 厘米、20 厘米，22～23 厘米的塑料袋装料。有的装袋机可更换出不同大小的料筒和螺旋状轴。

(2)冲压式装袋机　冲压式装袋机是将培养料压入料筒内，然后进入出料筒内，利用向下压作用将培养料压入套在出料筒的塑料袋内(图 32)。这种装袋机还可与拌料机和输送培养料装置连接，进行全流程自动化作业。

图 31　简易装袋机

图 32　冲压式装袋机

(三)接种设备

1. 接种箱　接种箱体积小，密闭性能好，易灭菌彻底，并且操作人员接触消毒药物少，是食用菌生产中常用设备。根据体积大小分为单人接种箱和双人接种箱两种。箱体下半部分为长方形，上半部分为梯形，上半部分两侧均为斜坡面状，并安装玻璃窗，在两侧下半部位各开一能伸入手操作的圆形孔，其方法同单人接种箱。箱体长 1.6 米，高 0.75 米，下半部分长 0.76 米，宽 0.5 米(图 33)。

图 33　接种箱

2. 接种室　接种室是用一间房屋专门用于接种的场所。接种室体积不宜过大，以长 3～4 米，宽 2～3 米，高 2.5 米为宜。接种室分为内外两部分，内为接种间，设置有操作平台；外为缓冲间，宽约 1 米，入口处和内室的门要错向开，门为平行移动门。在室内和缓冲间均安装上紫外线灯和日光灯。

3. 塑料薄膜接种罩

（1）*规格标准*　塑料薄膜接种罩为长方体或正方体的框架，宽为 2～3 米，长 3～4 米，高为 1.8 米。

（2）*制作方法*　用竹竿或木条制成一个长方体或正方体的框架，宽为 2～3 米，长为 3～4 米，高为 1.8 米。大小可根据接种量来决定，但也不宜太大，否则不易创造无菌环境。在框架上罩上一个无缝隙的塑料薄膜，四周用沙袋或木板压着塑料薄膜，即为一个接种罩。将接种罩放在干净的水泥地面上，若地面为土地面，应先在地面上铺上彩条编织布或较厚的干净塑料薄膜，以便于清除垃圾和进行消毒杀菌处理。

第五章　栽培原料、培养料配方及菌袋制作标准

一、栽培原料质量要求

(一)主　料

除桉、樟、槐、苦楝等含有害物质树种外的阔叶树木屑;自然堆积6个月以上的针叶树种的木屑;稻草、麦秸、玉米芯、玉米秸、高粱秸秆、棉籽壳、废棉、棉秸、豆秸、花生秸、甘蔗渣等农作物秸秆皮壳;糠醛渣、酒糟、醋糟。要求:新鲜、洁净、干燥、无虫、无霉、无异味。

(二)辅　料

麸皮、米糠、饼肥、玉米粉、大豆粉、禽畜粪等。要求:新鲜、洁净、干燥、无虫、无霉、无异味。

(三)化学添加剂

NY 5009—2002《无公害食品　食用菌栽培基质安全技术要求》中规定了常用化学添加剂、功效、用量和使用方法,如表11所示。

表 11　食用菌栽培基质常用化学添加剂种类、功效、用量和使用方法

添加剂种类	使用方法与用量
磷酸二氢钾	补充磷和钾，0.05%～0.2%均匀拌入栽培基质中
磷酸氢二钾	补充磷和钾，0.05%～0.2%均匀拌入栽培基质中
石　灰	补充钙素，1%～5%并有抑菌作用，均匀拌入栽培基质中
石　膏	补充钙和硫，1%～2%均匀拌入栽培基质中
碳酸钙	补充钙，0.5%～1%均匀拌入栽培基质中

二、培养料配制原则与配方标准

（一）培养料配制原则

栽培平菇的原料较多，大部分农林副产物都可用于栽培平菇，其中以棉籽壳为主料栽培平菇为好，但棉籽壳原料有限，并且价格较高。充分利用当地的原材料资源，进行科学配制培养基，是获得高产高效的关键。培养料配制原则是：颗粒较大的原料与颗粒较小的原料混合，如玉米芯与细木屑或者稻草粉、麦秸粉等混合；含氮较丰富的原料与含氮较低的原料混合，如棉籽壳与稻草粉、麦秸粉等混合；保水性能较差的原料与保水性能较强的原料混合，如棉籽壳与稻草粉或细木屑混合。多种主料混合组成的培养料配方，即 2～3 种主料组成的培养料配方，不仅在营养上达到均衡，而且在物理性能上如通透性、保水性能等方面也能互补，对提高产量和降低成本具有很好作用。

（二）培养料配方标准

配方 1　稻草或麦秸粉 52%，玉米芯 30%，麸皮或米糠

10%,玉米粉 5%,石灰 3%。

配方 2　棉籽壳 29%,阔叶树木屑 29%,玉米粉 29%,或麸皮、米糠 10%,石灰 3%。

配方 3　稻草或麦秸粉 50%,棉籽壳 37%,麸皮或米糠 10%,石灰 3%。

配方 4　木屑 87%,米糠或麸皮 10%,石灰 3%。

配方 5　玉米芯 47%,阔叶树木屑 40%,米糠或麸皮 10%,石灰 3%。

配方 6　木屑 47%,蔗渣 40%,麸皮 10%,石灰 3%。

配方 7　棉籽壳 77%,米糠或麸皮 20%,石灰 3%。

配方 8　木屑 42%,稻草或麦秸粉 40%,米糠或麸皮 15%,石灰 3%。

配方 9　稻草 30%,麦秸粉 57%,麸皮 10%,石灰 3%。

配方 10　麦秸粉 87%,麸皮 10%,石灰 3%。

三、菌袋制作技术规程

(一)培养料配制技术规程

按配方比例先称取主料,平铺在地面上,再将辅料混合均匀后,均匀地撒在主料上。使用玉米芯时,须将玉米芯在水中浸泡 3 小时以上,或加水拌湿堆积一夜后,再与其他原料混合使用。然后,用铁铲拌匀培养料,或者用拌料机拌匀。最后加入水,按料水比 1∶1.2～1.3 比例加入清洁的井水或自来水,使用的水应符合国家 GB 5749—85《生活饮用水卫生标准》的要求。再用铁铲翻拌均匀,或用拌料机拌匀培养料。拌匀的培养料质量要求为干湿均匀,含水量在 65%左右,即用手捏料无水滴出,而在手指缝间可见到水。培养料中含水量不宜过多,否则会造成出菇延迟。拌匀后的培养料即可装袋。也可堆积起来发酵 4～5 天,再装入袋内。通过发酵处理后,使培养料充分吸水湿透,原料软化,同时还可杀死部分杂菌。装袋之前,再拌匀培养料和调节水分。

(二)装袋技术规程

装袋用塑料袋规格有 17 厘米×33 厘米,或 22 厘米×42 厘米,或 23 厘米×45 厘米等。利用高压蒸汽灭菌时,应选用聚丙烯塑料袋;常压蒸汽灭菌时,常用聚乙烯塑料袋。若以稻草粉或麦秸粉等较疏松原料为主料,应使用较大规格的塑料袋装料。装袋方法有手工装袋和机械装袋。利用手工装袋方法是:将塑料袋张开成筒状,抓取培养料放入袋内,边装入培养料边用手压实,层层压紧,使料柱上下松紧一致;装好培养料后,两端用绳扎口,或者上颈圈并用塑料薄膜封口(图 34)。

图 34　装好的料袋

机械装袋,因机械不同而异,

利用简易式装袋机装袋的方法是:将塑料袋的一端事先

用绳扎好,或热合封好的塑料袋,套在出料筒上,另一人铲取培养料倒入料斗内,当培养料源源不断地进入袋内后,逐渐后退出料袋,通过调节后退速度来调整料柱松紧度,最后封好袋口。采用冲压式装袋机的装袋方法是:将一端已热合封好的塑料袋套在出料筒上,当培养料进入袋内后,取下料袋并封好袋口。

(三)灭菌操作技术规程

灭菌有常压蒸汽灭菌和高压蒸汽灭菌两种方式,常压蒸汽灭菌是利用土蒸灶进行灭菌,因灶的结构不同,操作方法也不一样,但灭菌原理是一样的。常压蒸汽灭菌时,将料袋整齐地堆码在灶内,但料袋之间应留间隙,若堆码的料袋较高,应在灶内加横隔,这样有利于蒸汽流畅,防止出现部分料袋灭菌不彻底。堆码好料袋后,关闭灶门,加大火力,烧开锅内水,产生蒸汽。当灶内温度达到 100℃左右时,保持 12～18 小时(因料袋数量而异,料袋在 1 000 袋以下时,需保持 12 小时;1 000～1 500 袋,需保持 13～15 小时;1 500～2 000 袋,需保持 15～18 小时),灭菌结束后,再闷一夜或半天,可增加灭菌效果。灭菌期间,须做到“大火攻头,小火保温灭菌,余热增强灭菌”。尽量缩短升到 100℃左右的时间,以 6 小时以内达到 95℃以上为好,这样才能防止培养料变酸和袋内积水。高压蒸汽灭菌时,当压力上升至 0.05 兆帕时,排放出锅内气体,如此进行两次,再次升至 0.15 兆帕时,在此压力下保持 3～4 小时进行灭菌。灭菌结束后,待压力表指针回到“0”时,开启排气阀门,打开锅盖,稍冷却后取出料袋。

(四)料袋冷却技术规程

冬季气温在 15℃以下时,当料袋内温度在 30℃左右时,就要及时接种,趁热堆码菌袋,才有利于保温发菌;气温在

20℃以上时，则要冷却至30℃以下才能接入菌种。

(五)接种操作技术规程

1. 菌种质量要求 平菇栽培种有瓶装栽培种和袋装栽培种。菌种要求菌丝体浓白，粗壮，整齐，无杂菌，没有萎缩，不吐黄水，无害虫，封口物无破损，没有形成子实体。平菇菌种应符合GB 19172－2003《平菇菌种》中对栽培种规定。

2. 菌种容器表面消毒技术规程 菌种瓶或菌袋表面先用清洁的水洗去表面杂物和部分杂菌，再用75％酒精，或0.1％克霉灵，或0.25％新洁尔灭等消毒剂擦拭除去表面杂菌。瓶口用75％的酒精棉球擦拭，并在酒精灯上烧死瓶口内壁上杂菌。再用消毒的接种钩挖去瓶口表层菌种，或者用刀切去袋口表层菌种。

3. 接种场所消毒技术规程 接种时须在接种室，或接种箱，或接种罩内进行。接种场所用气雾消毒盒点燃产生气体进行熏蒸杀菌(每立方米空间用2～3克)，或者用甲醛与高锰酸钾混合产生气体来杀菌，也可采用喷洒杀菌剂如0.25％新洁尔灭溶液来消除杂菌。同时，开启紫外线灯消毒。消毒处理须提前3～4小时进行。

4. 接种操作技术规程 接种工具和容器用消毒剂擦拭消毒，或在酒精灯上灼烧杀菌后使用。打开袋口，将挖取的菌种放入袋口内，并覆盖袋口上培养料；然后，用已灭过菌的纸封口。一般1瓶栽培菌种可接种10～12袋；1袋栽培菌种可接种30～40袋。接上菌种后，及时进行控温培养发菌，让菌种萌发生长并长满袋。

(六)培养发菌袋管理技术规程

1. 堆码方式与操作技术规程 根据气温不同，采取的堆码方式也不一样。冬季气温在15℃以下时，要将菌袋横积堆码起来，堆码成墙状，堆码高度为5～6层；每排之间相距10厘米，间隔3排后，将菌墙间距离增至30厘米，这样便于进入检查袋间温度、菌种生长以及感染杂菌等情况。然后，在菌袋上覆盖编织袋或塑料薄膜进行保温管理。气温在20℃以上时，应将菌袋单层排放在床架上；或呈“井”字形地堆码在地面上，每堆为5～6层（图35），或者在地面上排放一层菌袋后，在其上排放2根竹竿或竹板，然后再排放菌袋，如此一层菌袋一层竹竿地排放，使上下层菌袋间隔开来，这样有利于通风散热。

1　　2

图35　码袋培养

1. 横积码袋培养　2.“井”字形码袋培养

2. 环境条件控制标准　温度控制在22℃～28℃为宜。因此，在冬季培养发菌时，应采取热袋接种（30℃左右），趁热堆积并覆盖塑料薄膜保温发菌，才能保持温度在20℃以上。温度高于25℃时，要及时通风散热降温。培养室内须保持干燥，将空气相对湿度控制在80%以下。遮光发菌，以免光照过强后，引起发菌不良。覆盖塑料薄膜保温发菌的，每周揭膜通风换气1次，揭膜时间不宜过长，当温度下降至20℃时，及时覆盖塑料薄膜保温。培养 10 天后，将上、下层菌袋调放在中部，使其菌丝生长速度一致。培养发菌 25 天左右，菌丝体就可长满袋(图 36)。

图 36　培养好的菌袋

3. 病、虫、鼠害防治措施　在培养发菌期间，防治病害、虫害、鼠害是关键。早期防治是提高菌袋成品率，以及防止后期害虫危害的重要措施，同时也是防止出菇期间，喷洒农药而出现农药中毒和在产品上残留农药的关键。

(1)病害防治措施

①环境消毒　培养发菌的场所，在使用之前，应清除杂物，通风换气，干燥。喷洒杀菌剂，须将几种杀菌剂交替使用，不要长期只用一种农药，以免病原菌产生抗性。由于病原菌种类多，也须使用多种杀菌剂进行处理，才能有效控制病原菌。

②培养过程中的消毒　在培养期间，也要定时喷洒杀菌剂，杀灭环境中病原菌，以免病原菌孢子在菌袋封口纸和塑料

袋微孔处上萌发生长，造成杂菌侵染。

③培养过程中生态防治　在培养发菌期间，人为创造平菇菌丝生长的最佳条件，恶化病原菌生长的环境条件，是防治感染杂菌的有效方法。关键是避免出现高温、高湿的环境，因病原菌多适宜在高温、高湿的环境条件下生长，在培养发菌期间，温度不得高于35℃，空气相对湿度要低于80%，保持环境干燥，通风良好。

（2）虫害防治措施　菌袋培养发菌期间，害虫会进入袋口产卵，到了出菇时，孵化出大量幼虫取食菌丝，造成产量下降或不出菇。此外，害虫也是病原菌的携带者，病原菌可通过害虫带入菌袋内，造成杂菌感染。因此，在培养发菌之前和发菌期间，应喷洒农药杀灭害虫，同时，也要杀灭培养室周围的害虫。还可在培养室内安装诱杀害虫的杀虫灯等。

（3）鼠害防治措施　老鼠也是危害菌袋的大敌，咬破菌袋，甚至在菌袋内打洞，造成菌袋报废。在培养期间，应投放毒鼠药杀灭老鼠。同时在窗口上安装钢丝网，关闭好门，阻止老鼠进入培养室。

第六章　出菇管理技术规程

一、糙皮侧耳

(一)栽培季节安排

糙皮侧耳品种多,有适宜不同温度条件出菇的品种,低温型品种有义平、江白 2 号、黑牡丹等;中温型品种有杂优 1 号、杂交 17 等;高温型品种有侧 5、苏平 1 号等。根据季节不同,分别选择不同品种。

(二)出菇管理技术规程

1. 排袋催菇操作技术规程

(1)排袋标准　菌丝体长满袋后,移到出菇房内,排放在床架上;或横积堆码在地面上,每排堆码 5～6 层,两排菌袋之间相距 50～60 厘米(图 37),为子实体生长做好准备。

1　　2

图 37　排放菌袋

1. 地面上排袋出菇　2. 床架上排袋出菇

(2)催菇管理技术规程　排放好菌袋后，去掉封口纸，给予散射光照，将温度控制在适宜出菇温度范围内，因品种而异，但大部分品种的子实体发生温度为15℃～25℃。保持空气相对湿度在80%～90%，湿度低时，须在地面上喷水和减少通风量来保湿。在夜间须打开门窗通风降温，利用温差刺激诱导子实体形成。当子实体形成，并长成珊瑚状时，开始进行子实体生长发育管理。

2. 子实体生长发育管理技术规程

(1)温度控制标准　平菇品种较多，根据子实体生长温度范围，分为低温型、中温型、高温型和广温型等。

低温型品种出菇期间，温度须控制在5℃～20℃；中温型品种，温度须控制在15℃～25℃；高温型品种，温度须控制在20℃～30℃；广温型品种，出菇温度范围较广，温度应控制在5℃～28℃。在自然条件下栽培时，温度控制是利用自然温度进行栽培，通过适时栽培来满足栽培品种的出菇条件。低温型品种，应在秋末至冬季，或冬季至春初，在南方地区适宜在冬季栽培。中温型品种，适宜在春、秋季节栽培。高温型品种，适宜在春末至夏季，或夏季至秋末栽培。广温型品种，全年都可栽培。同一个品种在不同温度条件下，子实体菌盖颜色也不一样，温度低时，菌盖颜色深，盖厚；温度高时，菌盖变薄，颜色浅。

(2)湿度控制标准　子实体生长期间，须在较高的湿度条件下，才能正常生长。湿度控制是通过喷水达到子实体生长的湿度条件，子实体生长期间，适宜的空气相对湿度为85%～95%。喷水时，主要在地面上喷水，切勿在子实体上喷水，以免子实体腐烂死亡，须按照少喷、勤喷的水分管理原则，进行水分管理。保湿用水应使用清洁的井水或自来水，水质应符合国家 GB 5749—85《生活饮用水卫生标准》的要求，不能使用被污染的水，否则子实体上会出现病害，同时产品中也会有农药和重金属残留。

(3)光照控制标准　当子实体分化出菌盖后，须保持菇房内明亮，光照强度在 50 勒以上；光照过强子实体菌柄长度和菌盖颜色均有影响，在光照弱的条件下，菌柄较长，菌盖颜色深；反之，菌柄较短，菌盖颜色变浅。

(4)空气控制标准　子实体生长期间，要吸收氧气，排出二氧化碳。二氧化碳浓度对子实体长势影响较大。二氧化碳浓度较高时，菌柄较长，严重时，只长菌柄，菌盖不分化，长成畸形菇。只有在低二氧化碳浓度条件下，子实体才能正常生长。因此，在出菇期间，要常通风换气，保持菇房内空气新鲜，防止二氧化碳增高后，造成菌盖不分化，或菌柄加长。只有在综合环境条件良好下，子实体才能正常生长发育，达到商品菇的质量要求(图 38)。

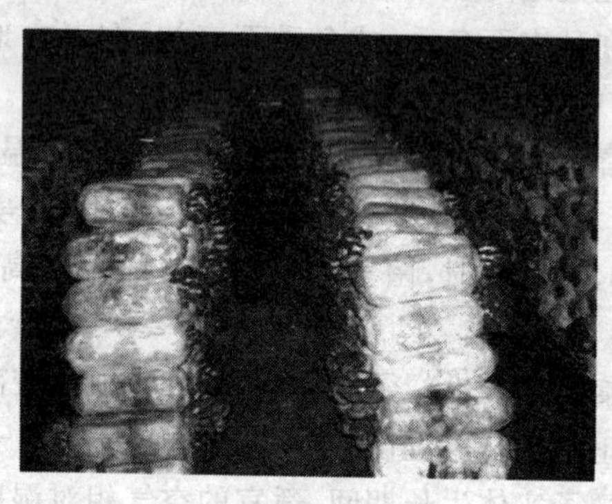

图 38　子实体生长状况

(三)采收与采后管理技术规程

1. 采收标准与方法　当子实体菌盖边缘平展，或稍内卷时，即可采收(图 39)。成熟过度后，菌盖边缘向上翘，菌盖与盖柄相交部位会长出白色茸毛，孢子大量弹射出来，其品质下降。采收方法是，用手托着菇体捏着菌柄摘下，将采收的菇，菌褶向上整齐地放在筐内。

2. 采后管理技术规程 每采收 1 潮菇后，停止喷水 5～7 天，让伤口上菌丝恢复生长，并形成原基。待下 1 潮菇长出后，再喷水提高湿度。一般可采收 3～4 潮菇。此外，采收 2 潮菇后，可将菌袋上塑料袋去掉，直立排放在地面上，浇水补充菌筒内水分，然后进行出菇管理。或者砌成菌墙，每层菌袋间用湿润土填满缝隙，在顶部用泥土做 1 个水槽，然后，从上面补水，这样可提高产量。通过以上两种方式，有利于补充菌筒内水分，对提高产量有很好的作用。

图 39　适收的菇

3. 产品分级整理标准 在市场上销售的产品，装入筐内，进行出售。若进行盐渍加工，须进行分级整理，首先剪去部分菌柄，使菌柄长度在 1 厘米以内，再按大小进行分级，一级菇：菌盖直径为 2～3 厘米，菌盖完整，无病斑、虫孔；二级菇：菌盖直径 3～5 厘米，菌盖完整，无病斑、虫孔；三级菇：菌盖直径 5～8 厘米，菌盖完整，无病斑、虫孔；四级菇：菌盖直径 8 厘米以上，菌盖完整，无病斑、虫孔。

二、姬　菇

姬菇又叫小平菇，是我国重要的出口产品之一。在四川省已进行规模化生产，其产品销往国内外。姬菇栽培原材料广，可利用稻草、麦秸、玉米秸秆、木屑等原料生产，栽培简便，产量高。因此，是一种具有很大发展前景的食用菌。

(一)袋栽出菇管理方法

1. 生产季节安排 姬菇是一种低温型品种，适宜在冬季栽培。子实体生长温度范围 5℃～25℃，最适生长温度为 13℃～15℃。

2. 排袋催菇技术规程

(1)排袋标准 菌丝体长满袋后，及时将菌袋移到菇房内，进行催菇管理。将菌袋整齐堆码在菇房内地面上，每排 5～6 层菌袋，每排菌袋之间相距 50 厘米，或者采取一宽一窄方式排放菌袋，宽行间距为 50 厘米，窄行间距为 30 厘米(图 40)。人行道不能过宽，否则造成氧气充足，二氧化碳浓度偏低，子实体的菌柄较短，菌盖易长大，生长不整齐。

(2)催菇管理技术规程 排袋后，去掉封口纸。给予散射光照；将空气相对湿度控制在 70%～80%；加强通风换气，保持菇房内空气新鲜；温度保持在 10℃～20℃。通过调节环境条件诱导子实体原基形成，当子实体已分化成珊瑚状时，进入子实体生长发育管理。

图 40 排放菌袋

3. 子实体生长发育管理技术规程

(1)温度控制标准 姬菇子实体生长温度范围为 5℃～25℃，最适生长温度为 13℃～15℃。当子实体长成珊瑚状至菇蕾时，并且菌盖已形成后，开始进入子实体生长发育管理。

当温度低于10℃时，须减少通风量；温度高于22℃时，做好隔热降温管理，同时加大通风量。

(2)湿度控制标准　子实体生长期间，需要在较高的湿度条件下，才能正常生长。须将空气相对湿度控制在85%～90%。湿度控制是通过喷水来提高的，满足子实体生长的湿度条件。喷水时，主要在地面上喷水，利用地面潮湿来保湿，在菇体上切勿喷水过多，以免子实体死亡；水分管理，须做到少喷、勤喷的管理原则。保湿用水的水质应符合国家GB 5749—85《生活饮用水卫生标准》的要求。

(3)空气控制标准　为了让子实体长成柄长、盖小的菇蕾，菇房四周须用塑料薄膜或草帘遮挡，减少通风量，适当增加二氧化碳浓度；只有在较高的二氧化碳浓度条件下，子实体的菌柄才较长，菌盖小，但二氧化碳浓度过高后，会抑制菌盖分化，出现只长菌柄，不分化出菌盖，即为畸形菇。

(4)光照控制标准　光照强度对子实体菌柄生长有较大影响。光照强，菌柄短，菌盖生长快，易长成菌柄短、菌盖大的菇；反之，在光照强度较弱的环境条件下，菌柄较长，菌盖生长慢，易获得菌柄较长、菌盖较小的菇体。因此，在出菇期间，须控制菇房内光照强度，将光照强度控制在10～50勒范围内，即以刚好能看清出菇管理的光照强度为宜；姬菇子实体生长，须在适宜的温度、湿度、较高二氧化碳浓度和低光照的环境条件下，子实体才能正常生长发育，大小较均匀，并且菌柄长，菌盖小(图41)。

4. 采收与采后管理技术规程

(1)采收标准与方法　当一丛菇中大部分子实体菌盖直径达到2～2.5厘米时，即可采收(图42)。推迟采收，菌盖长大，幼小子实体死亡，从而降低商品质量。采收方法是，用手

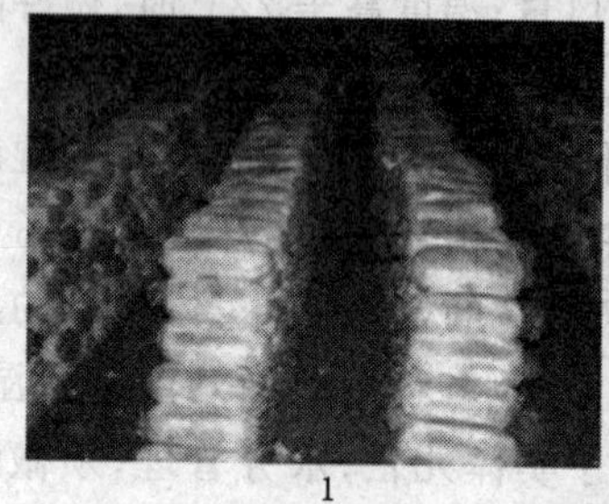

1

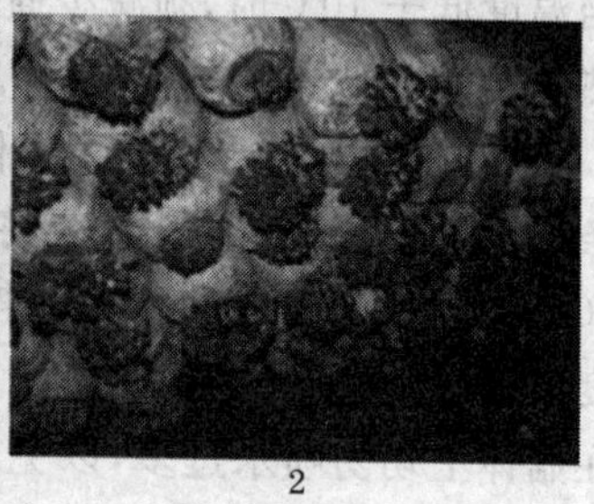

2

图 41　子实体生长发育

1. 子实体形成　2. 生长发育良好的子实体

托着菇体摘下整丛菇，注意不要捏碎菌盖。采收下来的菇，装入洁净的筐内，轻拿轻运。

（2）采后管理技术规程　每采收 1 潮菇后，停止喷水 2～3 天，待伤口上菌丝恢复，并重新长出子实体后，再喷水提高湿度，满足子实体生长所需的湿度条件。姬菇生长周期长，可采收 5～6 潮菇，出菇时间为 5～6 个月。直到菌袋萎缩，出菇稀少，气温上升到 25℃以上为止。

（3）分级整理　采收的鲜菇须及时进行分级整理。将一丛菇分成 2～3 小丛菇，用剪刀剪去过长的菌柄，然后分成单个菇体，按级别分别装筐。分级标准为 SS 级：菌盖直径 0.5～0.9 厘米，菌柄长度 3～4 厘米，菌盖完整，没有破裂，无病斑和虫孔；S 级：菌盖直径 1～1.8 厘米，菌柄长度 3～5 厘米，菌盖完整，没有破裂，无病斑和虫孔；M 级：菌盖直径 1.9～2.5 厘米，菌柄长度 3～5 厘米，菌盖完整，没有破裂，无病斑和虫孔。

图 42　适宜采收的菇蕾

(二)瓶栽出菇管理方法

利用塑料瓶栽培姬菇有利于机械操作,节省人力,生产的产品质量标准一致,同时,还有利于工厂化周年生产。在日本姬菇已实现周年工厂化栽培。

1. 原材料处理标准 瓶栽姬菇除利用棉籽壳、玉米芯和阔叶树木屑外。在日本普遍使用针叶树木屑,利用针叶树木屑可缩短栽培周期。由于针叶树木屑中含有油脂等对姬菇生长有抑制作用,因此须加水堆积处理,堆积处理时间不得少于3个月。

2. 培养基配制标准 培养料配方:木屑与米糠比例为3∶1。将木屑与米糠混合拌匀后,再加入水,调节培养料含水量在60%~65%。

3. 装瓶操作技术规程 利用装瓶机将培养料装入瓶中,并在培养料中部打孔,然后盖上瓶盖。

4. 灭菌操作技术规程 在高压蒸汽灭菌锅内,120℃下,灭菌1.5~2小时,常压蒸汽灭菌时在100℃左右灭菌8~10小时。灭菌结束后,取出料瓶,移入冷却室内降温冷却,瓶内温度下降到25℃以下时,可接种。

5. 接种操作技术规程 利用接种机器进行接种,接种之前,喷消毒剂除菌,菌种瓶表面用消毒剂清洗瓶壁和瓶口,在无菌条件下,接入菌种,1瓶(80毫升)的菌种,可接种40~50瓶。

6. 培养发菌操作技术规程 在培养室内,温度18℃~20℃,空气相对湿度65%~75%,二氧化碳浓度控制在0.3%以下,黑暗条件下培养发菌,让菌种萌发生长,并长满瓶。培养28~33天,菌丝即可长满瓶,便可进入出菇管理。

7. 催蕾操作技术规程 培养发菌好后,挖出瓶口表层老菌种，即进行搔菌处理，并使瓶口平整，这样长出的菇整齐。搔菌后，在瓶口内加入1杯水，2～3小时后，将菌种瓶倒立放置，让瓶内多余水流出。如此处理后，使瓶口表层菌质含水量增加，以利于原基形成，增加产量。温度控制在13℃～15℃，空气相对湿度保持在90%～95%，给予散射光照，通风良好，使菇房内空气新鲜。经过1周后便形成原基。

8. 子实体生长发育管理技术规程 从原基形成到采收之前，为子实体生长发育管理阶段，此期间，温度控制在15℃～16℃，空气相对湿度保持在85%～95%，光照强度达到50勒，常通风换气，每天须通风2～3次，每次30分钟，让室内外空气交换，保持菇房内空气新鲜。光照强度和二氧化碳浓度对子实体生长发育影响很大，调节在适宜的条件下，是子实体生长发育良好的关键(图43)。

9. 采收标准 当子实体菌盖直径达到1.5～2厘米时即可采收，一般从原基形成到采收需要7天，采收方法是将整丛菇摘下，去掉基部培养料，直立排放在洁净的筐内。然后，将处理干净的一丛菇装入硬质塑料盒内，再用保鲜膜封盖，每盒净重100克。

三、白平菇

白平菇菇体洁白，不受温度、光照变化的影响，适宜生产出口产品。现开发的白平菇产品有盐渍菇、速冻菇和干菇等产品出口。

(一)栽培季节安排

白平菇是一种中低温型品种。子实体生长温度范围5℃～22℃，最适生长温度13℃～18℃。在南方地区适宜在

图 43　子实体生长

秋、冬、春季出菇，即 10 月份至翌年 4 月份；北方地区适宜在春、秋季栽培出菇。

(二)出菇管理技术规程

1. 排袋催菇技术规程

(1)排袋标准　菌丝体长满袋后，移到菇房内，排放在床架上，或在地面上排放，每排堆码 5～6 层菌袋，两排菌袋墙之间相距 50～60 厘米，用作操作道。

(2)催菇管理技术规程　排好菌袋后，去掉封口纸，为子实体生长做好准备。封口纸须在子实体形成之前揭去。一旦子实体生长并与封纸接触后，再揭去封口纸时，会长成畸形菇。将温度控制在 10℃～20℃；给予散射光照，光照不能过强，否则，易在袋中部出菇；保持空气相对湿度在80%左右；加强通风换气，使菇房内空气新鲜。当子实体形成后，进入子实体生长发育管理。

2. 子实体生长发育管理 子实体形成至采收期间，主要做好温度、水分、光照和通风换气管理。

(1)温度控制标准 将温度控制在10℃～20℃，温度低于8℃时，须减少通风量，防止因低温刺激，菌盖上长出瘤状物，从而降低产品质量。温度高于22℃时，须加强通风换气管理，降低温度。纯白色的平菇子实体菌盖颜色不受温度变化的影响，始终为雪白色。

(2)湿度控制标准 在子实体生长期间，将空气相对湿度控制在85%～95%，通过喷水来保持湿度；喷水时，主要在地面上喷水，利用地面潮湿来增加环境中湿度，切勿在菇体上喷水过多，否则会出现黄色或褐色斑点。喷水须做到少喷、勤喷。保湿用水应符合国家GB 5749—85《生活饮用水卫生标准》的要求。

(3)空气控制标准 子实体生长要吸收氧气，排出二氧化碳。只有在低二氧化碳浓度条件下，才能生长正常。若二氧化碳浓度过高，菌柄长，菌盖小，严重时，会出现只长菌柄，不分化菌盖，呈畸形菇。因此，须加强通风换气，保持菇房内空气新鲜。

(4)光照控制标准 在子实体生长期间，需要光线，在完全黑暗的环境下，会长成柄长、盖小，甚至无菌盖的菇。适宜的光照强度为10～50勒，即保持菇房内明亮，以刚好看清楚管理为宜。光照过强后，易在菌袋中部形成子实体，在袋口出菇少。只有在良好的环境条件下，子实体才能正常生长发育，菇体大小均匀，生长整齐，洁白(图44)。

(三)采收与采后管理技术规程

1. 采收标准与方法 当一丛菇中子实体大部分菌盖直径达到 5～6 厘米时,即可采收。因白平菇出口产品标准以菌盖直径 3～5 厘米为优质产品,菌盖直径超过 8 厘米时,为等外级菇(图 45)。采收时,手托着菇体并捏着菇柄摘下,因白平菇与培养料接触紧密,须用力才易摘下,注意不要捏碎菌盖,否则会降低商品质量。采收之前,须将手和工具洗净,以免菇体附着污染物。在摘菇时,不要将菇柄留在袋内,以免腐烂后,招引病虫危害。采收的菇体,装入洁净的筐内,轻拿轻运。

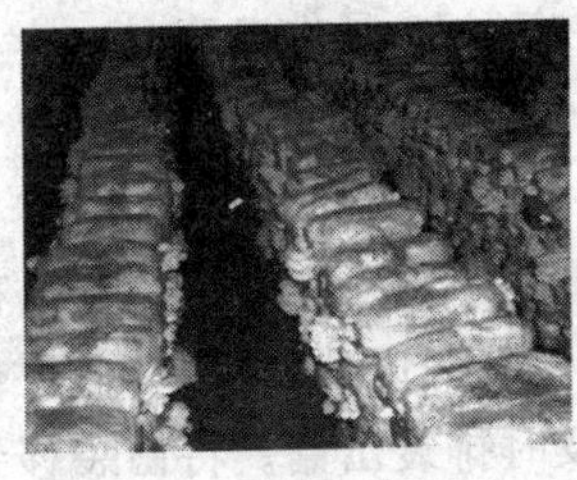

图 44 子实体生长发育

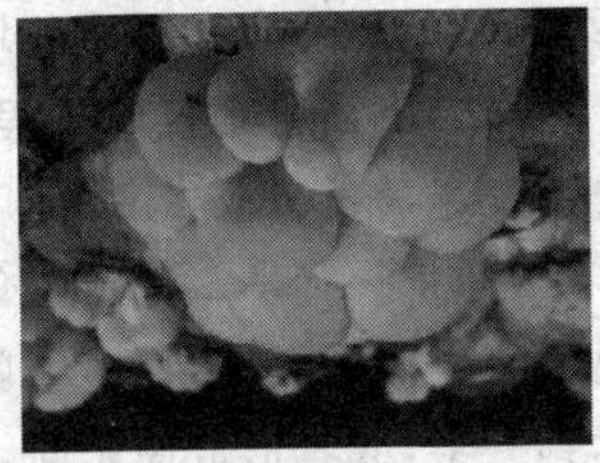

图 45 适收的菇

2. 分级标准 采收下来的菇,按大小和形态进行分级。首先剪去过长的菌柄,使菌柄长度在 1 厘米以内;按 2～3 厘米、3～5 厘米、5～8 厘米和 8 厘米以上的规格进行分级,凡是菌盖破裂,有病斑的菇作为等外级,分级的菇分别装筐。除鲜销外,分级整理后的菇,须及时进行盐渍加工,或干制加工。

3. 采后管理技术规程 采收 2 潮菇后,清除菇脚和地面上碎菇,停止喷水,待下一潮菇长出后,再喷水增大湿度,满足子实体生长的湿度条件。第二潮菇以后,如果在袋内肩部出菇多,须去掉颈圈,拉直袋口上塑料袋,可防止子实体生长受到塑料袋压抑,长成畸形菇;在袋肩部出菇少时,仍然保持原出菇状态出菇。每袋可采收 4～5 潮菇。

四、鲍鱼侧耳

鲍鱼侧耳子实体菌盖肥厚，菇体含水量低。是夏季生产的菇类，也是我国重要的出口产品，可加工成盐渍菇和罐头菇等产品。

(一)栽培季节安排

鲍鱼侧耳是一种高温型菇类。子实体生长温度范围 22℃～32℃，适宜在夏季栽培，即在 5～10 月份出菇。

(二)出菇管理技术规程

1. 排袋催蕾技术规程

(1)排袋标准　由于鲍鱼侧耳在菌丝体尚未长满袋时，在温度和光照适宜的条件下，就开始出菇。因此，在菌丝体生长达到一半，或者形成原基时，就要及时排袋出菇。将菌袋移到菇房内，排放在地面上，或者排放在床架上；在地面上排放时，每排堆码 5～6 层菌袋，每排之间相距 60～70 厘米。

(2)催蕾管理技术规程　排袋后，及时揭去封口纸，切勿在子实体长到与封口纸接触后，再去掉封口纸，否则会长成畸形菇。将温度控制在 25℃～28℃；空气相对湿度保持 90%左右；加强通风换气，保持菇房内空气新鲜；给予散射光照，使菇房内明亮。通过人为创造良好的环境条件，诱导原基形成，并分化形成子实体。

2. 子实体生长发育管理技术规程

(1)温度控制标准　子实体形成至采收期间，为子实体生长发育管理阶段。此期间须将温度控制在 20℃～32℃，温度低于 20℃时，子实体生长缓慢，此时，须做好保温管理；温度高于 32℃时，子实体生长快，易长成畸形菇，须做好通风降温，以及加盖遮阳物，降低光辐射升温。

(2)湿度控制标准　子实体须在较高的湿度条件下，才能正常生长发育。须将空气相对湿度控制在 90%左右。由于夏季温度高，水分易蒸发，因此必须加强水分管理，通过喷水来满足所需的湿度条件，喷水时，须做到少喷勤喷、水分管理，主要在地面上多喷水，菇体上只喷少量水，保持菇体新鲜湿润；湿度低于 70%时，菌盖表面会出现裂纹，子实体生长减慢。保湿用水应符合国家 GB 5749—85《生活饮用水卫生标准》的要求。

(3)空气控制标准　子实体生长期间，要吸收氧气，排出二氧化碳。在低二氧化碳浓度条件下，才能正常生长。因此，还须加强通风换气，保持菇房内空气新鲜，以免二氧化碳浓度增高后，长成畸形菇。

(4)光照控制标准　子实体生长期间，光照强度对子实体生长有较大影响。在完全黑暗环境下，会长成畸形菇。适宜的光照强度为 100 勒以上，即保持菇房内明亮。

只有在适宜的温度、湿度、空气和光照条件下，鲍鱼侧耳子实体才能正常生长发育(图 46)。

(三)采收与采后管理

1. 采收标准与方法技术规程　当子实体生长到菌盖近平展，边缘稍内卷时，即可采收(图 47)。完全成熟后，菌盖边缘向上卷，中部凹，孢子大量弹射后，其商品质量下降，还有苦味。采收方法是，用手托着菇体摘下，采收的菇装入筐内，轻拿轻运。同时，清除菇脚、死菇。

2. 分级标准　采收的鲍鱼侧耳子实体，须及时分级加工。剪去过长的菌柄，使菌柄不超过 2 厘米，按 3～5 厘米，5～8

厘米和8厘米以上等规格进行分级，凡是畸形菇、破裂菇和病斑菇作为等外级菇；分级整理的菇体，分别装筐。以鲜菇销售的产品，须将鲜菇装入塑料袋内密封，每袋重量为0.5千克，在市场上出售。不能及时出售的产品，须在0℃～4℃冷库内贮藏保鲜，或者加工成盐渍菇出售。

图46　子实体生长

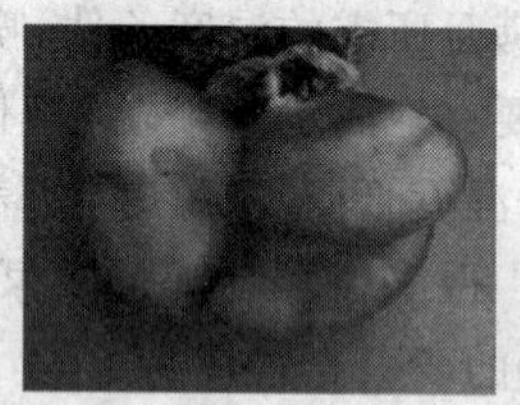

图47　适收的菇

3.采后管理技术规程　每采收1潮菇后，停止喷水3～5天，让伤口上菌丝恢复生长。然后，喷水保持空气相对湿度在90%左右，诱导下1潮子实体形成。鲍鱼菇出菇期为3个月左右，可产3潮菇，但产量主要集中在第一、第二潮，生物学效率在80%左右。

五、盖囊侧耳

盖囊侧耳，又叫盖囊菇，高温平菇。盖囊侧耳菌肉肥厚，质地致密脆嫩，耐贮藏运输，适宜夏季栽培，是一种有着较好市场前景的食用菌。

(一)栽培季节安排

在南方地区适宜在5～10月份栽培，北方地区适宜在6～9月份栽培。

(二)出菇管理技术规程

1. 排袋催蕾技术规程

(1)排袋标准　菌丝长满袋,或者形成原基时,将菌袋排放在床架上,每层架上排放 2～3 袋;或者排放在地面上,每排堆码 5～6 层菌袋,两排菌袋之间相距 60～70 厘米,用作人行道。然后,去掉封口纸,为菇蕾形成和子实体生长做好准备。

(2)催蕾管理技术规程　温度保持在 25℃～32℃;空气相对湿度保持在 95%左右;给予散射光照;通风良好,菇房内空气新鲜。

2. 子实体生长发育期间管理技术规程　子实体分化后,至采收之前,为子实体生长发育阶段。此期间,须做好温度、湿度、光照和通风换气管理。人为创造子实体生长发育的生态条件,是获得优质高产的关键。

(1)温度控制标准　子实体生长发育期间,温度保持在 20℃～32℃,温度低于 18℃时,子实体生长缓慢,须做好保温管理。温度高于 32℃时,易长成畸形菇。因此,在高温季节,须加大通风量,减少光照,降低温度。

(2)湿度控制标准　子实体生长发育期间,需在高湿环境条件下,才能生长发育良好,适宜的空气相对湿度为 85%～90%。保湿主要是通过人工喷水来增加湿度,利用喷雾器或加湿器,喷洒细雾状水来保湿,主要在地面多喷水,保持地面湿润,在菇体勿喷水过多,以免出现病害。在晴天每日须喷水 3～4 次,阴天和雨天不喷水;并且根据菇体表面干湿程度和菇体大小,灵活掌握喷水量。保湿用水应符合国家 GB 5749—85《生活饮用水卫生标准》的要求。不能用污染了的水,否则产品会受到污染,还会出现病害。

(3)空气控制标准　子实体生长发育期间,需要较多氧气，才能正常生长发育。因此，要加强通风换气，保持菇房内空气新鲜。二氧化碳浓度过高后，会长成畸形菇。

(4)光照控制标准　子实体生长发育期间，需要散射光照，适宜光照强度为500～1 000勒。在黑暗条件下，则不分化菌盖，只长菌柄。此外，子实体有明显的趋光性。因此，要求菇房内光照均匀。

(三)采收与采后管理技术规程

1. 采收标准与方法　当菌盖边缘由内卷变直时，即可采收。采收过迟后，菌盖边缘上翘，菇体中纤维素增加，其口感下降。采收时，手托着菇体，将整丛菇摘下，装入洁净的筐内，轻放轻运输，防止损伤菇体。

2. 采收后管理技术规程　采收结束后，清除菇脚、死菇和病菇。停止喷水3～5天，待伤口上菌丝恢复后，再喷水增加湿度，保持空气相对湿度在95%左右，诱导下1潮菇蕾形成，待子实体形成后，进入出菇管理，一般可采收3～4潮菇，生物学效率可达到80%～100%。

六、金顶侧耳

金顶侧耳又叫榆黄蘑、菜花菇。菌盖鲜黄色，似油菜花颜色，美观。加工成盐渍菇后，菇体变成白色。

(一)栽培季节安排

金顶侧耳是一种中温偏高的菇类。子实体形成和生长发育的温度范围为15℃～30℃，最适温度为22℃～28℃。因此，适宜在春末至夏季栽培，即在5～10月份生产。

(二)出菇管理技术规程

1. 排袋催蕾技术规程

(1)排袋标准　菌丝长满袋，并且气温在15℃以上时，将菌袋移到菇房内进行出菇管理。排放在床架上，或在地面上堆码。在地面上堆码时，堆码高度为5～6层菌袋，每排菌袋之间相距60～70厘米，以利于通风良好和便于采摘，然后，去掉封口纸。

图48　子实体分化

(2)催蕾管理技术规程　将温度控制在15℃～30℃；空气相对湿度保持在70%～80%，湿度低于70%时，须向地面和菌袋上喷水，提高湿度；同时，给予散射光照，使菇房内明亮。经6～8天，便开始形成原基，即出现块状物，随后分化出柄和菌盖，形成珊瑚状菇蕾(图48)。

2. 子实体生长发育管理技术规程　子实体形成至采收之前，为子实体生长发育阶段。此时，主要做好温度、水分，通风和光照管理。

(1)温度控制标准　温度控制在15℃～30℃，温度高于

30℃时，须加强通风换气，以及加盖遮阳物进行降温管理。温度高于 26℃时，子实体生长快，但菌盖薄，颜色浅。

(2)湿度控制标准　子实体生长期间，须保持菇房内空气相对湿度在 90%左右。喷水时，主要在地面上喷水，须做到少喷勤喷，并喷雾状水，在菇体上切勿喷水过多，否则，菇体会死亡。此外，保湿用水应符合国家 GB 5749—85《生活饮用水卫生标准》的要求。

(3)空气控制标准　子实体生长，要吸收氧气，排出二氧化碳。适宜在低二氧化碳浓度条件下生长。因此，在子实体生长期间，须做好通风换气管理，保持菇房内空气新鲜。利用塑料大棚栽培的，须揭开两端塑料薄膜，保持空气流畅。

(4)光照控制标准　光照强度对子实体生长影响较大，在完全黑暗环境下，只长菌柄，不分化出菌盖，长成柄长盖小的畸形菇。适宜的光照强度为 100 勒以上，即保持菇房内明亮。只有在良好的环境条件下，子实体才能正常生长发育(图 49)。

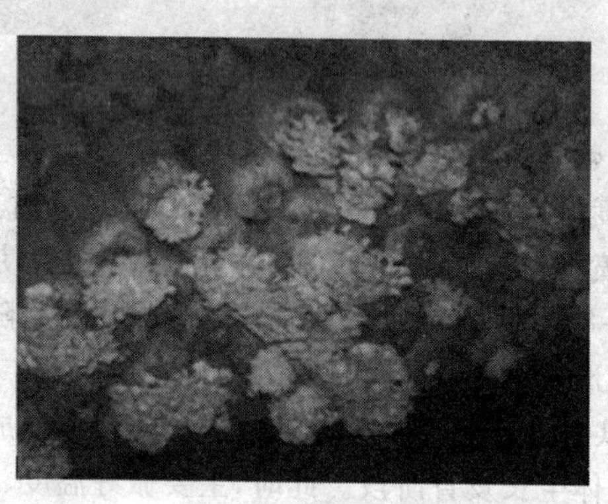

图 49　子实体生长发育

(三)采收与采后管理

1. 采收标准及方法技术规程 当子实体菌盖生长到边缘稍内卷时,即可采收(图 50)。成熟过度后,菌盖边缘上卷,呈漏斗状,颜色变浅。其商品质量下降。采收方法是,用手托着菇体摘下,注意不要捏碎菌盖,采收的菇体,装入洁净的筐内。

图 50 适收的菇

2. 分级标准 采收的菇,须及时进行分级管理。用剪刀剪去粘连的菇脚,将子实体分成单个菇体,然后进行装筐出售,或加工成盐渍菇,或者干菇。

3. 采后管理技术规程 每采收 1 潮菇后,停止喷水 3～5 天,待伤口上菌丝恢复,积累充足养分后,再进行出菇管理。每袋可采收 3～4 潮菇,但产量主要集中在第一、第二潮。第三潮菇采收结束。采取脱去塑料袋,将菌筒制作成菌墙,用湿泥土填充缝隙,然后往墙上喷水补充菌筒内水分,可提高产量。

七、肺形侧耳

肺形侧耳，又叫凤尾菇。是平菇类中味道最鲜美的品种，其价格高于其他平菇品种，是一种具有较大发展前景的食用菌。

（一）栽培季节安排

肺形侧耳是一种中温型菇类。出菇温度范围 8℃～26℃，适宜在春、秋季栽培，即在 3～6 月份和 10～12 月份生产。

（二）出菇管理技术规程

1. 排袋催蕾技术规程

（1）排袋标准　菌丝体长满袋后，移到菇房内进行出菇管理。将菌袋排放在床架上，或者在地面上堆码成一排一排的菌墙，每排堆码 5～6 层菌袋，每排之间相距 60～70 厘米，以利于空气流畅和便于采摘。

（2）催蕾管理技术规程　排放好菌袋后，揭去封口纸。将温度控制在 6℃～32℃，并在晚上打开门窗通风降温，形成较大温差，利用温差刺激诱导子实体发生。在夏季温度高时，则不出菇，但连续下几天雨，温度下降后，便可长出大量子实体。空气相对湿度保持在 80%左右，空气相对湿度低于 60%时，须喷水增加湿度。给予散射光照，在完全黑暗条件下，是不能形成原基的。当子实体形成后，开始进入出菇管理。

2. 子实体生长发育管理技术规程

（1）温度控制标准　子实体形成至采收之前，为子实体生长发育阶段。此时，将温度控制在 8℃～26℃，温度低于 8℃时，须做好保温管理，在低温条件下，菌柄增粗，菌盖生长受到抑制。温度高时，易失水干燥，须做好水分管理。

(2)湿度控制标准　子实体生长适宜在较高的湿度环境条件下，才能正常生长。须将空气相对湿度控制在85%～90%。湿度调节是通过人工喷水，来提高环境的湿度。喷水时，主要向地面上喷水，须做到少喷、勤喷水，并要喷雾状水。切勿在菇体上喷水过多，否则会变成黄色，最后死亡腐烂，保湿用水应符合国家GB 5749—85《生活饮用水卫生标准》的要求。

(3)空气控制标准　在子实体生长期间，需要吸收氧气，排出二氧化碳。只有在低二氧化碳浓度的条件下，才能生长正常。因此，须加强通风换气，保持菇房内空气新鲜，以免二氧化碳浓度过大后，长成畸形菇。

(4)光照控制标准　光照强度对子实体生长影响较大，在完全黑暗环境下，只长菌柄，菌盖不分化，长成畸形菇。因此，须保持菇房内明亮，即光照强度在100勒以上。只有在温度、湿度、空气和光照等环境条件都能满足子实体生长时，才能正常生长发育(图51)。

(三)采收与采后管理技术规程

1. 采收标准与方法技术规程　当子实体长到菌盖平展，边缘稍内卷时，即可采收(图52)。成熟后，菌盖边缘呈波浪状，并向上卷，颜色变浅，其商品质量下降。肺形侧耳子实体从形成至成熟，只需5～7天，并且生长快，整齐。因此，采收要及时。采收方法是，手托着菇体，握着菌柄摘下；同时，去掉病菇，小菇，不留下菇脚。采收的菇，整齐地装入筐内。

2. 分级标准　采收的菇，须及时进行整理、出售或加工。剪去菌柄过长部分，使菌柄长度在2厘米以内。若加工成盐渍产品，或罐头产品的菇，须按3～5厘米、5～8厘米和8厘米以上等级别进行分级，分别进行加工。

图 51　子实体生长发育

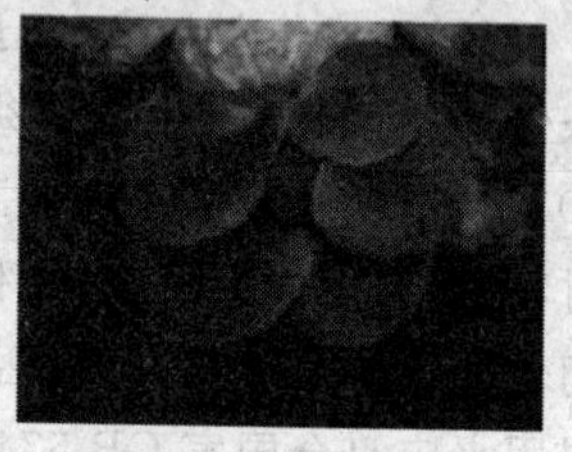

图 52　适收的菇

3. 采后管理技术规程　每采收一潮菇后，停止喷水 3～5 天，让伤口菌丝恢复，积累养分，为下 1 潮菇长出做好准备。然后，喷水提高湿度，同时加大温差刺激，诱导下 1 潮子实体长出。在夏季气温 26℃时，则不出菇，但须做好降温管理。遇到连续几天下雨降温后，便开始长出子实体，并且生长整齐，生长速度快，几天内便成熟。因此，采收要及时，每天采收 2 次。一般可收 3～4 潮菇，但产量主要集中在前两潮。

八、秀珍菇

秀珍菇是肺形侧耳的一个菌株，以采收幼小子实体食用，其菌盖和菌柄细嫩、味美，是近年来发展起来的一种优质食用菌。

(一)栽培季节安排

秀珍菇是中温型菇类。子实体形成和生长发育的温度范围为 10℃～26℃，最适生长温度为 15℃～20℃，适宜在春、秋季栽培。

(二)出菇管理技术规程

1. 排袋催蕾技术规程

(1)排袋标准　菌丝体长满袋后,移到菇房内。排放在菇房内床架上,或在地面上排放菌袋,每排堆码5～6层菌袋,每排之间相距60～70厘米,以利于空气流畅和便于采菇。然后,去掉封口纸和颈圈,因秀珍菇子实体是在袋肩部生长,因此须拉直袋口上塑料袋,或者剪去袋口上塑料薄膜。

(2)催蕾管理技术规程　将温度控制在6℃～32℃,在夜间加大通风,拉大昼夜温差,利用温差刺激原基形成;空气相对湿度保持在80%左右;给予散射光照;同时,加强通风换气,保持菇房内空气新鲜。经过几天后,便开始形成原基,原基为白色块状,随后便分化出菌盖,形成子实体。

2. 子实体生长发育管理技术规程

(1)温度控制标准　子实体形成至采收之前,为子实体生长发育管理阶段。将温度控制在10℃～26℃,温度低于8℃时,菌柄会增粗,菌盖分化和生长受到抑制。因此,须做好保温管理。温度高于25℃时,须加强通风换气降温管理。

(2)湿度控制标准　空气相对湿度维持在85%～95%,通过向地面喷水来增加湿度,喷水时,须做到少喷勤喷,在菇体上切勿喷水过多,以免菇体死亡,保湿用水应符合国家GB 5749—85《生活饮用水卫生标准》的要求。

(3)空气控制标准　在子实体生长期间,需要吸收氧气,排出二氧化碳,子实体生长,适宜在低二氧化碳浓度条件下生长。因此,须做好通风换气管理,降低二氧化碳浓度,保持菇房空气新鲜。

(4)光照控制标准　子实体生长需要光照,光照强度对子实体生长影响较大,在完全黑暗环境下,会出现只长菌柄,菌盖小或者不分化，成为畸形菇。适宜的光照强度为 100 勒以上，即保持菇房明亮。只有调节好温度、湿度、光照和空气等环境条件，子实体才能正常生长发育(图 53)。

图 53　子实体生长状况

(三)采收与采后管理技术规程

1. 采收标准与方法　当子实体菌盖直径达到 3～4 厘米时，即可采收(图 54)。子实体成熟后再采收，则达不到秀珍菇产品质量标准。采收方法是，采大留小，握着菌柄摘下。温度高于 25℃时，子实体生长快，每天须采收 2～3 次，才能保证产品质量。采收的菇，装入洁净的筐内，轻拿轻运。

图 54　适收的菇

2. 分级标准　将采收的菇，用剪刀剪去柄基部带有培养基的部分，然后装入塑料袋内，每袋装量为 2.5 千克，或者在冷库内 0℃～1℃下处理，让菇体降温后，再包装，有利于延长货架期。

3. 采后管理技术规程 每采收一潮菇后，停止喷水 3～5 天，让伤口上菌丝恢复生长，积累充足养分，为下 1 潮菇生长做好准备。当子实体形成后，便进入出菇管理，一般可采收 4～5 潮。

九、肥脚侧耳

肥脚侧耳又叫小香菇、金杯菇，是近年来四川省栽培的新品种。子实体簇生，柄长，盖小，大小均匀，是一种有较好发展前景的食用菌。

(一)栽培季节安排

肥脚侧耳是一种中温型菌类。子实体生长温度范围 8℃～20℃，最适生长温度 15℃～18℃。适宜在春、秋季栽培。

(二)出菇管理技术规程

1. 排袋催蕾技术规程

(1)排袋标准 菌丝体长满袋后，气温在 20℃以下时，开始移到菇房内进行出菇管理。将菌袋排放菇房内床架上，或者排成一排一排的菌墙，每排堆码 6～7 层，每排之间相距 60～70 厘米，然后，去掉封口纸。

(2)催蕾管理技术规程 温度控制在 10℃～20℃，空气相对湿度保持 80%左右，湿度低于 70%时，应在地面上喷水增加湿度；给予散射光照，菇房内要求明亮，同时，加强通风换气，使菇房内空气新鲜。通过人为调节在良好的环境条件下，诱导原基形成，并正常分化出子实体。

2. 子实体生长发育管理技术规程

(1)温度控制标准　子实体形成后至采收之前，为子实体生长发育期内管理。子实体生长发育期间，将温度控制在8℃～20℃，温度低于8℃时，生长缓慢，温度高于25℃时，生长速度加快。

(2)湿度控制标准　子实体生长需要在较高的湿度条件下。适宜的空气相对湿度为85%～95%。湿度调节是通过喷水来达到要求。喷水时，须做到少喷勤喷，主要在地面上喷水，保湿用水应符合国家GB 5749—85《生活饮用水卫生标准》的要求。

(3)空气控制标准　在子实体生长期间，要吸收氧气，排出二氧化碳。适宜在低二氧化碳浓度的条件下生长。因此，在出菇期间，须加强通风换气，保持菇房内空气新鲜。

(4)光照控制标准　光照强度对子实体影响较大，子实体生长需要光线。在完全的环境下，会出现菌柄加长、菌盖变小，甚至出现只长菌柄，菌盖不分化的现象。适宜的光照强度为50勒以上。只有通过人为调节在良好的环境条件下，子实体才能正常生长(图55)。

(三)采收与采后管理技术规程

1. 采收标准与方法　当子实体菌盖为半圆形、菌柄长在5厘米以上时，即可采收(图56)。成熟后，菌盖长大，呈漏斗状，菌柄纤维含量增高，口感下降，其商品质量下降。采收方法是:用手捏着菌柄摘下，摘下的菇轻放入筐内。由于肥脚侧耳菌盖易破裂，采收时，须注意不要弄碎菌盖，最好将采收下来的一丛菇，及时剪去粘连的菇脚，分成单个菇体，这样可减少在包装时，菌盖破裂。

图 55　子实体生长状况

图 56　适收的菇

2. 采后管理技术规程　肥脚侧耳出菇整齐，采收完 1 潮菇后，停止喷水 3～5 天，让伤口上菌丝恢复生长，同时积累充足养分，为下 1 潮菇生长做好准备。然后，再喷水提高湿度，让下 1 潮菇长出。一般采收 3～4 潮菇，产量主要集中在第一、第二潮。

十、荷叶肥脚菇

荷叶肥脚菇是由四川省农业科学院土壤肥料研究所从野生菌中人工驯化栽培选育的一个侧耳属新品种。菌柄粗壮，菌盖小，初期为半圆形，成熟后菌盖边上卷，呈漏斗状，以采收幼菇食用。

(一)栽培季节安排

荷叶肥脚菇属中低温型菌类。子实体生长温度范围为 10℃～25℃，适宜在秋、冬、春季栽培。

(二)出菇管理技术规程

1. 排袋催蕾技术规程

(1)排袋标准　菌丝体长满袋，并且温度在 8℃～22℃，将菌袋移到菇房内床架上排放，或者在地面上排放，堆码成一排一排的菌墙，每排堆码6～7层菌袋，每排相距60～70厘米，然后揭去封口纸，为子实体生长做好准备。

(2)催蕾管理技术规程　排放好菌袋后，将温度控制在5℃～35℃，空气相对湿度80%左右；给予散射光照；同时，加强通风换气，便菇房内空气新鲜。以诱导子实体形成，并正常生长发育。

2. 子实体生长发育管理技术规程

(1)温度控制标准　从子实体形成至采收之前，为子实体生长发育阶段。此期间须将温度控制在10℃～25℃；温度高于25℃时，要加强通风管理，同时降低光照。

(2)湿度控制标准　子实体生长期间，需要在较高的湿度环境下，才能生长正常。适宜的空气相对湿度为85%～95%。湿度调节是通过喷水来达到要求，喷水时主要在地面上喷水，在菇体上切勿喷水过多，以免子实体死亡。喷水须做到少喷、勤喷，并且喷细雾状水。晴天，每日喷水1～2次，阴天和雨天不喷水；保湿用水应符合国家GB 5749—85《生活饮用水卫生标准》的要求。

(3)空气控制标准　子实体生长，需要吸收氧气，排出二氧化碳。适宜在低二氧化碳浓度的条件下生长。在高二氧化碳浓度条件下，会出现菌柄加长，菌盖变小，甚至不能分化出菌盖，成为畸形菇。因此，在出菇期间，须加强通风换气，降低二氧化碳浓度，保持菇房内空气新鲜。

(4)光照控制标准　子实体生长期间，需要光照。适宜的光照强度为100勒以上。在完全黑暗的环境条件下，会出现只长菌柄，菌盖小，甚至不能分化，成为畸形菇。因此，须保持菇房内明亮。只有人为创造良好的环境条件，子实体才能正常生长发育(图57)。

(三)采收与采后管理

1. 采收标准与方法 当子实体菌盖边缘稍内卷时，即可采收(图 58)。成熟后，菌盖边缘变薄，并上卷呈漏斗状，菌柄纤维素增加，其商品质量下降。采收方法是，手握着菌柄将整丛菇摘下，在袋口上不留菇脚，以利于下 1 潮菇长出。

图 57 子实体生长状况

图 58 适收的菇

2. 采后管理技术规程 每采收 1 潮菇后，停止喷水 3～5 天，让伤口上菌丝恢复；同时，积累充足养分，为下 1 潮子实体生长做好准备。然后，喷水提高湿度，诱导子实体形成。可采收 4～5 潮，直至菌袋萎缩，温度上升至 25℃以上为止。

十一、栎侧耳

栎侧耳又叫其幕侧耳、栎平菇、栎生侧耳、裂皮侧耳、幕仙菇等，栎侧耳幼小时菌盖边缘有一层膜质菌幕，子实体肥大，肉厚，质地脆嫩，是一种优质食用菌。

(一)栽培季节安排

栎侧耳是一种低温型菌类，适宜在春、秋季栽培。在南方地区适宜在 10～12 月份，或 2～4 月份栽培，北方地区适宜在 9～10 月份和 3～5 月份栽培。

(二)出菇管理技术规程

1. 排袋催蕾技术规程

(1) 排袋标准　菌丝体长满袋，并且温度保持在27℃～28℃，将菌袋横卧排放在床架上；或者堆码在地面上，每排堆码5～6层菌袋，每排之间相距50～60厘米，用作人行道。排放好菌袋后，去掉封口纸，为子实体长出做好准备。

(2)催蕾管理技术规程　温度控制在20℃～30℃；空气相对湿度保持在80%～90%；给予散射光照；加强通风换气，在夜间开启门窗，增大昼夜温差，同时，保持菇房内空气新鲜。

2. 子实体生长发育管理技术规程　子实体生长发育期间，主要做好温度、湿度、光照和通风换气管理，人为创造良好的生态条件，是满足子实体正常生长、获得优质高产的关键。

(1)温度控制标准　子实体发育期间，温度须保持在12℃～16℃。温度低于12℃时，须做好保温管理，采取减少通风量和增加光照等措施来保温。温度高于18℃时，须加强通风换气，减少光照，降低菇房内温度。

(2)湿度控制标准　子实体生长发育期间，须在高湿度环境条件下，才能正常生长发育，适宜空气相对湿度为90%。是通过喷水来满足子实体生长的湿度条件，用于保湿用水，要求洁净，并符合国家GB 5749—85《生活饮用水卫生标准》，不能使用被污染和池塘内水，否则易使子实体感病以及产品受到污染。喷水时，应使用喷雾器，或高压喷雾设备，或增湿器等设备，喷细雾状水，主要在地面和四周多喷水，在菇体只能喷洒少量水。

(3)空气控制标准　子实体生长期间，需要吸收氧气，呼出二氧化碳。因此，在子实体生长期间，须加强通风换气，保持菇房内空气新鲜。通风换气应根据温度和湿度灵活掌握，在不影响子实体生长所需的温度和湿度条件下，进行通风换气。

(4)光照控制标准　子实体生长期间，需要光照。在黑暗条件下，会影响菌盖形成，促进菌柄生长，从而长成畸形菇。因此，须保持菇房内明亮。

(三)采收与采后管理技术规程

1. 采收标准　菌盖展开，尚未释放孢子时为采收适期。推迟采收，菌柄下半部会出现灰黑色的厚垣孢子，从而影响商品质量。采收时，将整丛菇摘下，并去掉菇脚、死菇和病菇。采收的菇装入洁净筐内，轻放轻搬运。采收的菇须及时鲜销，或者烘干和加工成盐渍菇。

2. 采后管理技术规程　采收结束后，停止喷水 3～5 天，让伤口上菌丝恢复后，再喷水增加湿度，诱导下 1 潮菇长出。

十二、红平菇

红平菇又叫桃红侧耳，子实体玫瑰红色至桃红色，颜色鲜艳，幼菇脆嫩，适宜夏季栽培。

(一)栽培季节安排

红平菇是一种高温型品种。适宜在夏季生产，栽培季节为 4～5 月份生产菌袋，6～8 月份出菇。

(二)出菇管理技术规程

1. 排袋催蕾技术规程

(1)排袋标准　菌丝长满袋后，移到菇房内排放在床架上；或者排放在地面上，每排堆码 3～4 层菌袋，两排菌袋墙之间相距 60～70 厘米。去掉袋口上封口纸，为子实体生长做好准备。

(2)催蕾技术规程　温度控制在26℃～28℃，空气相对湿度保持在80%～90%，给予散射光照，通风良好，利用温度、湿度和光照诱导原基形成。

2. 子实体生长发育管理技术规程　子实体原基形成后，进入子实体发育阶段。此期间主要做好温度、湿度、通风和光照等条件控制管理。人为创造良好的环境条件，是获得优质高产的关键。

(1)温度控制标准　温度保持在20℃～28℃，温度低于20℃时，减少通风量，做好保温管理；温度高于35℃时，加强通风换气；同时增加隔热层，减少光照，降低菇房内温度。

(2)湿度控制标准　子实体生长发育期间，对湿度要求高，须保持空气相对湿度在85%～95%，通过喷水来提高湿度。喷水时，须做到少喷、勤喷，主要向地面和四周喷水，利用地面湿润来增加湿度，在菇体上切勿喷水过多，否则子实体生长停止，最后腐烂死亡。应根据天气情况，灵活掌握喷水量。晴天，温度高于28℃时，每日须喷水4～5次，阴天和雨天可不喷水。保湿用水应符合国家GB 5749—85《生活饮用水卫生标准》，不能用污染了的水，以免产品受到污染，甚至感染病害。

(3)空气控制标准　红平菇子实体生长发育阶段，要吸收氧气，排出二氧化碳。因此，在子实体生长发育阶段，要求菇房内通风良好，空气新鲜，才能满足子实体生长发育要求。通风不良，二氧化碳过高后，子实体菌柄加长，菌盖小，严重时，会长成珊瑚状畸形菇。

(4)光照控制标准　子实体生长发育阶段，也需要光照，适宜光照强度为750～1 500勒。光线弱时，会出现菌柄增长，菌盖小，在黑暗条件下，易出现只长菌柄不长菌盖的畸形菇。

(三)采收与采后管理技术规程

1. 采收标准与方法 由于红平菇成熟后，组织纤维化，其口感下降。此外，完全成熟后，子实体褪色为水红色。因此，应在幼菇期采摘，即菌盖未完全展开之前采收(图 59)。采收方法是托着菇体摘下整丛菇，装入洁净筐内，轻放轻搬运，以免损坏菇体。

图 59 适收的菇

2. 采后管理技术规程 采收结束后，清除菇脚、死菇和病菇，停止喷水 3～5 天，待伤口上菌丝恢复后，再喷水保湿，诱导下 1 潮菇蕾形成。子实体分化后，进入出菇管理。每袋可采收 3～4 潮，生物学效率可达到 80%～100%。

十三、具核侧耳

具核侧耳是一种食、药兼用菌，以菌核入药。亦是一种有较大发展前景的药用菌。

(一)栽培季节安排

具核侧耳是一种高温型菌类。菌核形成和子实体发生温度范围为25℃～30℃,适宜在夏季栽培。

(二)床架上排袋栽培技术规程

菌丝体长满菌袋后,将菌袋排放在床上。将温度控制在15℃～40℃,不需要喷水调节湿度和光照条件,就能正常形成菌核。菌核形成后,如果受到塑料薄膜的压迫,须割破塑料薄膜,让其生长增大(图60)。袋栽的菌核上,形成的子实体较少。菌核生长到表皮由白色变为褐色时,即可采收。

图60　菌核生长

(三)覆土栽培技术规程

1. 栽培场地选择标准　在室内或田间均可栽培具核侧耳。田间栽培场地,要求排水良好,不积水,土壤为壤土,具有良好通透性和保水性能。

2. 开畦标准　在地面开畦,畦宽1～1.2米,深0.12～

0.15 米，长度因地势而异。畦与畦之间相距 0.4～0.6 米。

3. 脱袋覆土技术规程 将长满菌丝体的菌袋上的塑料薄膜脱去。横卧排放在畦内，或者直立排放在畦内。然后，覆盖细粒壤土，覆土厚度为 3～4 厘米。最后，开好排水沟，防止畦内积水，菌丝死亡。为了防止雨水淋湿菌床，须在菌床上搭建塑料薄膜小拱棚，但要将塑料棚的两端敞开，以利于通风换气。

4. 菌核培养管理技术规程 将温度控制在 25℃～30℃，温度高于 35℃时，在晴天须揭开塑料薄膜通风降温。保持土壤呈湿润状态，土壤干燥时，须喷水，但 1 次喷水不宜过多，以刚好湿透土壤为止。若有菌核裸露出来，及时用土壤覆盖(图 61)。当菌核变为褐色、坚硬，或者子实体生长，并成熟时，即可采收。

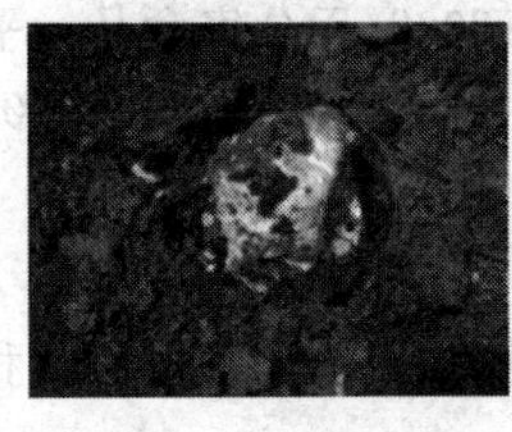

图 61 菌核形成

5. 采收标准 菌核表皮由白色变成褐色，并且坚硬，培养基变白，变软时，即可采收(图 62)。或者子实体已长大，即可挖取菌核。将菌核上的培养基去掉，有泥沙时，须用水洗净。然后，将菌核上表皮去掉，切片，晒干或烘干，再经粉碎成细粉后食用或作药用。

图 62 适收的菌核

第七章　产品保鲜与加工标准化

一、鲜菇包装、保鲜与贮运标准

平菇产品应严格执行 NY 5096－2002《无公害食品　平菇》的标准，如果申请绿色食品，则应执行 NY/T 749－2003《绿色食品　食用菌》标准。

(一)平菇产品质量要求

NY 5096－2002《无公害食品平菇》对平菇产品的感官和卫生指标进行了规定。

1. 感官要求　感官要求的检验是，肉眼观察外观，霉烂菇和虫孔数，鼻嗅气味，触摸感觉手感，应符合表 12 规定。水分按 GB/T 12531－1999 规定执行。

表 12　无公害平菇的感官要求

序　号	项　目	要　求
1	外　观	具有平菇特有色泽；表面无萌生的菌丝，允许菌盖中央凹进和菌柄基部有有色菌丝；菌褶无倒伏
2	气　味	具平菇特有的清香味
3	手　感	干爽，无黏滑感
4	霉烂菇	无
5	虫蛀菇/(虫孔数/kg)	≤30
6	水分/%	≤91

2. 卫生指标　卫生指标的检验，砷按 GB/T 5009.11—1996 规定执行；铅，按 GB/T 5009.12—1996 规定执行；汞，按 GB/T 5009.17—1996 规定执行；镉，按 GB/T 5009.15—1996 规定执行；多菌灵，按 GB/T 5009.38—1996 中 4·7 规定执行；敌敌畏，按 GB/T 5009.20—1996 中规定执行。无公害平菇应符合表 13 规定。

表 13　平菇产品卫生标准

项　目	指标/(毫克/千克)
砷(以 As 计)	≤0.5
铅(以 Pb 计)	≤1
汞(以 Hg 计)	≤0.1
镉(以 Cd 计)	≤0.5
多菌灵(carbendazim)	≤0.5
敌敌畏(dichlorvos)	≤0.5

注：根据《中华人民共和国农药管理条例》，剧毒和高毒农药不得在蔬菜(包括食用菌)生产中使用

(二)包装、保鲜与运输标准

1. 内包装材料标准　用塑料袋时，卫生指标应符合 GB 9687 或 GB 9688 规定；不能使用报纸和用荧光增白剂处理过的纸或其他材料，否则会污染平菇产品。有的生产者用白色蜡光纸包装平菇产品，结果在平菇产品中可检测出荧光增白剂。因此，使用的材料要避免对平菇产品造成二次污染。严禁使用装过农药、化肥及其他有毒物质的容器包装。

2. 外包装材料标准　外包装(箱、筐)应牢固、干燥、清洁、无异味、无毒、便于装卸、仓储和运输。

3. 装量标准　平菇产品装量有 0.5 千克/袋；2.5 千克/袋等规格，装量不宜过多，以免相互挤压破坏菇体，以及菇体

内发热，降低产品质量。

4. 保鲜技术规程 平菇鲜菇产品应使用冷藏保鲜，即在1℃～4℃下使菇体冷透，然后，再装入袋内，每小袋装入纸箱或泡沫箱内密封贮藏。

5. 贮藏技术规程 贮藏时菇体内不应挤压，要松散包装，透气良好，防止菌丝萌发和菇体腐烂，贮藏室气温1℃～4℃。

6. 运输技术规程 运输时应轻装、轻卸，避免机械损伤。运输工具要清洁、卫生、无污染物、无杂物。防日晒、防雨淋，不可裸露运输。不得与有毒有害物品、鲜活动物混装混运，严禁与农药、化肥、中草药和其他杂物混堆混运。应在低温条件下运输，以保持产品的良好品质。没有冷藏运输时，在夏季气温高时，可在泡沫箱内放入塑料瓶装水制成的冰瓶，利用冰瓶降低温度，确保产品质量。

二、盐渍加工技术规程

(一)盐渍加工设施设备标准

1. 盐渍池标准 在地面上直接用砖砌制，或者向地下挖坑后，在底部和墙面上贴砖，并在地面再砌砖加高。盐渍池大小一般为长2～3米，宽2米，深2米。盐渍池要求不渗漏水，表面光滑，最好在盐渍池内壁安装上白色瓷砖。应建3～4个盐渍池，以便分装不同级别的盐渍菇。每立方米的盐渍池可装0.8吨盐渍菇。

2. 杀青锅标准 杀青锅是用来煮鲜菇的，用铝或不锈钢制作，不能使用铁锅、铜锅，否则煮菇后菇体会变色。杀青锅直径为80厘米，高为60厘米。将杀青锅置于灶上，用煤作燃料。

3. 冷却漂洗池标准 冷却漂洗池是用来对杀青的菇体进行冷却和漂洗的。用砖砌制而成，位于杀青锅与盐渍池之间。冷却漂洗池一般为 3 个并排在一起。池的大小一般为长 2 米，宽 1 米，深 1.5 米。

(二)盐渍加工技术规程

1. 鲜菇整理技术规程 将鲜菇进行分级整理后，进行杀青。平菇品种不同，分级标准也不一样，详见各个品种的分级标准。

2. 杀青技术规程 在锅中装半锅水，旺火烧开，然后放入鲜菇，加大火力重新烧开水。刚下锅时不要搅动，以免损伤菇体，待菇体变软后，再翻动菇体，使菇体受热均匀。锅中出现大量泡沫时，及时捞出去掉。煮至菇体无硬心，并且无弹性，煮熟透的菇体放入冷水中会自然沉入水底，否则为没有煮熟透。没有煮熟的菇是不能盐渍的，否则会变质。

3. 冷却漂洗技术规程 将煮熟透的菇体捞出，迅速放入冷水池中冷却，最好用流动水冷却，冷却至菇体内、外温度与室温一致，并且清洗去掉菇体内杀青水，然后捞出菇体并沥去水。没有完全冷却的菇体是不能进行盐渍的，否则会出现色泽不正常，或变质。

图 63 盐渍姬菇产品

4. 盐渍技术规程 将菇体装入池中，装一层菇，撒一层盐，用盐量为菇重的 35%～40%，或者在菇体中加入盐混合拌匀后，装入池中，最后，用饱和盐水淹没菇体，再在菇体上撒一层盐封盖(图 63)。为了防止杂物进入盐渍菇内，在菇体上覆盖塑料薄膜。盐渍 15 天后，可装桶出售。

5. 装桶标准 将盐渍好的菇捞出，装入有孔的筐内，沥去多余的水，沥水至水不成线状流为止，然后进行装桶。包装须按外贸部门要求的标准，选用清洁卫生、封口严密的塑料桶。事先在桶内放一塑料袋，再装入菇，之后，加入经过滤去杂质含有 0.5%柠檬酸(pH 值 3.5～4.2)的饱和食盐水，并淹没菇体。扎好袋口，盖严桶盖，即可出售。

三、干燥加工技术规程

(一)干燥设备标准

平菇的干燥方法有热风干燥、远红外线和冷冻干燥等，其中最常用的是热风干燥，远红外线和冷冻干燥的产品质量高，但设备价格高。热风干燥设备可自己制作，也可购买；热风干燥设备是利用排风扇向加热管吹热风(图 64)，利用热空气将菇体内水分排出。

(二)分级标准

平菇品种不同，分级整理方法也不同。菌盖较大的平菇，须剪成 3 厘米×3 厘米大的方块。姬菇、金顶侧耳等则分成单个菇体。

图 64 干燥设备

(三)干燥技术规程

将分级整理的菇体，装入烘烤筛上，堆放的菇体不宜过厚，以单层堆放为好。或者在阳光下晒，使部分水分散失。当天采收的菇，须当日干燥。干燥初期将温度控制在 40℃～50℃，并加大排风量，将水分排出；后期将温度控制在 50℃～60℃，减小排风量；最后在 60℃下，关闭排风口，烘烤至含水量在 12%以下。

(四)包装贮藏技术规程

干燥的菇，堆放在地面上的塑料薄膜上，使其受潮变软后，再装入塑料袋内密封贮藏，这样可防止菇体被压碎；或者装入塑料袋内，再装入纸箱内，每箱装入的干菇重量为 9 千克。

第八章　病虫害防治标准

一、防治的原则

(一)防治的基本条件

平菇病虫害防治应遵循预防为主,综合防治的原则。一旦出现病害和虫害后,后期是很难彻底杀灭的,因平菇生产是采用塑料袋装培养料进行出菇的,病原菌和害虫进入袋内后,就无法实施喷洒农药杀菌和灭虫;若在子实体生长期间,出现了病害,一旦使用农药后,必然导致产品中出现农药残留。

(二)综合防治措施

1. 生态控制

(1)生产场所选择　生产场地应选择远离禽畜场、食品加工厂、饲料厂、垃圾堆放场等可孳生各种病原菌和害虫的场所。此外,生产场所应选择地势较高,平坦,光照充足,排水良好,水源清洁的地点建造。

(2)菇房卫生　在栽培之前,应清除废菌袋,保持场地内清洁卫生,彻底清除场地内病原菌和害虫孳生的物质。同时,加大通风换气,排除废气,保持场所内干燥。

(3)选择适宜品种　合理安排品种,选择抗病、虫能力强的品种,适时生产,增强自身抗病虫能力,减少病、虫危害。

2. 物理防治

(1)病原菌防治

①培养料灭菌要彻底　培养料灭菌彻底,是控制杂菌感

染的关键，常压蒸汽灭菌时的温度须达到98℃～100℃，灭菌时间不得低于8小时，根据料袋多少，来确定灭菌时间长短。

②选择好塑料袋，防止尖硬原料刺破塑料袋　原材料中含有尖硬的材料，应过筛去掉，或者经过粉碎后使用。在装袋过程中，出现有被刺破的小孔时，须及时用不干胶布封着。同时，选择较厚、抗拉力强的塑料袋。

③阳光下暴晒杀菌　将原材料在阳光下暴晒2～3天，可杀死病原菌孢子和害虫卵，同时使原材料干燥，可抑制贮藏期间原材料中病原菌繁殖。

④紫外线灯照射杀菌　在接种场所和培养室内安装紫外线灯，利用紫外线杀灭环境中病原菌。

⑤感染杂菌的菌袋处理　被杂菌感染的菌袋，须及时处理，不能倒出堆放在生产场所附近，否则真菌大量繁殖后，分生孢子可随风飘入生产场所内，感染菌袋。污染的菌袋处理方法：一是将感染杂菌的菌袋，在常压蒸汽灭菌灶内100℃左右下灭菌处理10小时。或者在高压蒸汽锅内121℃下灭菌处理2小时，再将感染杂菌的培养料倒出，与新鲜培养料混合后，再利用。或者直接将感染杂菌的培养料，与新鲜培养料混合后再利用。此外，将感染杂菌严重的培养料烧毁，或者埋入土中。

(2)害虫的物理防治

①光诱杀　根据害虫具有趋光性特性，利用光线来诱杀害虫。常用的光诱杀设备有杀蚊灯，利用蓝色光诱导嗜菇瘿蚊等害虫，使其飞向光源触电网而死。另一种是黄纸板，黄纸板上附着有胶水，害虫飞向黄纸板后被黏着，最后死亡。

②药物诱杀　利用害虫喜食某种物质的特性进行诱杀，如黑腹果蝇喜食腐烂水果、平菇等特性。一种是在盆中放入

腐烂水果，或腐烂平菇，加入农药液，诱使害虫吸食而死亡。另一种方法是在盆中加入糖醋液和农药的混合物，害虫被诱食后死亡。螨虫可用菜籽饼进行诱杀，在布上撒上菜子饼粉，当螨虫嗅到气味后，聚集在菜籽饼上，然后，取出放入沸水中或农药中杀灭。

③阻抑害虫　在菇房门窗和通风口上安装防虫网，可阻止害虫进入菇房，也可达到诱杀的目的。

3. 生物防治　生物防治是食用菌病虫害防治的最佳方法之一。利用生物防治不会造成产品和环境污染，是食用菌病虫害防治的首选防治方法。

(1)病害的生物防治

①大蒜提取液防治杂菌　大蒜中含有大蒜素和阿霍烯(Ajone)对青霉、曲霉、根霉和木霉有抑制作用，大蒜提取液的有效浓度为0.25%～1.25%。

②灰黄霉素防治杂菌　灰黄霉素能干扰真菌细胞DNA合成，从而抑制真菌生长，防治杂菌的有效浓度为30～150毫克/千克。

(2)虫害的生物防治

①捕食性动物的应用　类寄螨和窄株螨能捕食尖眼菌蚊和小杆线虫。

②寄生生物的应用　在国外已利用斯氏线虫、异小杆线虫来防治害虫。这两种线虫的寄生范围广、易繁殖、效果好。斯氏线虫已商业化生产，商品名为Nemasysm和Stealth，Nemasysm已广泛用于防治尖眼菌蚊。

③苏云金杆菌　苏云金杆菌产生的伴孢晶体和芽孢具有杀虫作用，对杀灭各种菌蚊的效果较好。

④激素　利用外激素(即性激素)可使害虫丧失交尾繁殖

的机会，从而达到防治的目的。

⑤植物提取液　印楝素已广泛应用于农作物害虫防治上。印楝素果实中含有印楝素 A、B、D 和苦楝三醇等成分，主要作用于昆虫的内分泌系统、降低蜕皮激素的释放量，也可直接破坏表皮结构，或阻止表皮几丁质的形成，或干扰呼吸代谢，影响生殖系发育，对靶标害虫起到致死作用。此外，还可用烟叶浸出液和苦楝浸出液，用于防治害虫。

4. 化学药物防治　在其他方法防治失败后，可采取使用化学药物防治。化学药物使用应严格按照《中华人民共和国农药使用管理条例》所规定的可用农药，不得使用剧毒和高毒农药。

(1)化学药物选择　除了不得使用剧毒和高毒农药外，在使用化学药物时，还要考虑使用后，是否会造成平菇子实体出现药害，长成畸形菇。不能使用敌敌畏、水胺硫磷等农药，否则平菇子实体菌盖会出现上卷，长成畸形。可使用多菌灵、甲基托布津和代森锌控制杂菌，使用高效氯氰菊酯、克螨特、灭蝇胺等杀害虫。

(2)化学药物防治方法　使用化学药物防治害虫时，应在菌袋培养期间，子实体采收后进行。因平菇子实体生长快，在 3～5 天即可采收，故不能在子实体生长期间使用农药，否则会在子实体上残留农药。

(三)化学农药使用原则

在平菇生产中，为了防治病虫害，使用农药消毒和杀虫时，仅能用于菇房，并应严格掌握用量，禁止使用以下农药药剂。①按照《中华人民共和国农药管理条例》，剧毒和高毒农药不得在蔬菜生产中使用，食用菌作为蔬菜的一类也应完全参照执行，不得在培养基中加入。高毒农药有三九一一、苏化

203、一六〇五、甲基一六〇五、一〇五九、杀螟威、久效磷、磷胺、甲胺磷、氧化乐果、磷化锌、磷化铝、氰化物、呋喃丹、氟化酰胺、砒霜、杀虫脒、西力生、赛力散、溃疡净、氯化苦、五氯酚钠、二氯溴丙烷、四〇一等。②混合型基质添加剂。含有植物生长调节剂或成分不清的混合型基质添加剂。③植物生长调节剂。

二、综合防治措施

(一)病害的综合防治措施

1. 黏帚霉 菌袋中感染黏帚霉后，其菌丝生长速度较白灵菇快，产生毒素抑制白灵菇生长，造成菌袋报废。常见的有绿黏帚霉 *Gliocladium virens* 和融黏帚霉 *G. deliquescens*。

(1)发生条件 通过空气和害虫携带分生孢子传染，全年均可发生，但在夏季高温季节危害严重。

(2)综合防治措施

①预防措施 培养料要求新鲜，干燥，没有霉变；培养料灭菌要彻底，在100℃左右温度下须进行灭菌10小时以上；接种场所和工具，在使用之前，须用消毒剂进行除菌处理；培养室和菇房在使用之前，喷洒多菌灵和使百克混合药剂，杀灭环境中黏帚霉。

②感染病害的菌袋处理 出现黏帚霉感染后，及时倒出培养料，并与新鲜培养料混合后再利用；或者烧毁、埋入土中。

2. 木霉 木霉是菌袋生产过程中常见且危害较大的一种竞争性杂菌。木霉种类较多，常见的木霉有绿色木霉 *Trichoderoma viride*、康氏木霉 *T. konigii*、多孢木霉 *T. polysporum*、长梗木霉 *T. longibrachiatum* 和哈赤氏木霉 *T. hazi-*

anum 等。木霉侵染后抑制菌丝体生长，从而造成菌袋报废。同时，也危害耳片，造成耳片生长停止，死亡。

(1)发生条件　高温、高湿，通风不良，培养料呈酸性时易感染。主要是通过孢子传播感染。

(2)综合防治措施

①预防措施　生产原料要求新鲜、干燥。培养料灭菌要彻底，在 100℃左右下灭菌 10 小时以上，彻底杀灭原料中木霉菌孢子。培养菌种期间，加强通风换气，降低温度和湿度，将空气相对湿度控制在 80%以下，避免高温、高湿。

②感染病害的菌袋处理　菌种中出现木霉菌感染后，及时挖出培养料，少量地加入新鲜培养料中混合，再装袋灭菌后利用。也可将培养料烧毁，或深埋入土中。

3. 链孢霉　又叫脉孢霉、红色面包霉和红霉菌，常见的有好食脉孢霉 *Neurospora sitoohita* 和粗糙脉孢霉 *N. crassa*。是夏季平菇生产时常见且危害严重的一种杂菌。具有生长速度快，传染性强等特点。感染链孢霉后，在 5～7 天内菌丝体就可长满袋或瓶，并在瓶口或袋口形成橘红色块状物或孢子粉。

(1)发生条件　自然条件下主要生长在嫩玉米芯上。在高温、高湿环境条件下极易发生，通过孢子传播感染。

(2)综合防治措施

①预防措施　在生产场地禁止吃嫩玉米后丢弃玉米芯，以免玉米芯上生长链孢霉污染环境。原料要求新鲜、干燥。培养料灭菌要彻底，在 100℃左右下需保持 10 小时以上。灭菌灶在没有使用期间，要将灶内木棒或竹竿取出晒干，防止生长链孢霉。培养发菌期间，加强通风换气，降低温度和湿度，避免出现高温、高湿的环境，恶化链孢霉孢子萌发的条件。培

养室和接种室在使用之前、喷洒复合酚或甲醛液进行杀菌处理。

②感染病害菌袋的处理　培养发菌3～4天后，及时检查并清理出感染链孢霉的菌种，防止产生孢子后传染。若已形成孢子粉的，要用塑料袋或湿纸包裹着拣出，避免抖落掉孢子后传染。将污染物及时烧毁，或深埋入土中。

4. 青霉　危害平菇的青霉种类较多，主要有绳状青霉 *Penicllium funiculosam*、产黄青霉 *P. chysogernum* 和圆弧状青霉 *P. cyclopium* 等。青霉的危害方式是在培养料上形成的菌落交织在一起，形成一层膜状物，覆盖在料面，隔绝空气，同时分泌出毒素，致死平菇菌丝。

(1)发生条件　青霉分生孢子主要靠空气传播，全年均可危害，但在高温季节危害最严重。

(2)综合防治措施

①预防措施　培养料要求新鲜、干燥。配料时水分要湿透抖匀，不能有干料；培养料须在100℃左右高温下灭菌10小时以上。接种场所和培养室在使用之前，用气雾消毒盒点燃熏杀，或者用甲醛与高锰酸钾混合产生气体进行熏杀。也可喷洒0.1%的50%多菌灵液，或0.25%新洁尔灭液，杀死环境中青霉菌孢子。

②感染病害的菌袋处理　出现青霉感染后，及时挖出培养料，加入新鲜培养料中混合后再利用，或者烧毁和埋入土中。

5. 根霉　根霉也是一种常见的杂菌，常见的根霉为黑根霉 *Rhizopus nigricans*。培养料上感染根霉后，形成网状菌丝体，并产生黑色点状分生孢子，与平菇竞争养料，造成减产。

(1)发生条件　自然条件下，生长在土壤、动物粪便和各种有机物上。孢子通过空气传播。

(2)综合防治措施

①预防措施　培养料要求新鲜、干燥，消毒要彻底，杀灭培养料中的根霉孢子。接种时，接种环境要认真消毒，防止接种工具沾上生水。培养菌种期间，加强通风换气，保持培养室内干燥。

②感染病害的菌袋处理　出现根霉感染后，及时将培养料挖出混入新鲜培养料中灭菌后再利用。

6. 毛霉　毛霉也是一种常见杂菌，主要为总状毛霉 *Mucor eacemosus*。培养料上感染毛霉后，长出粗壮致密的菌丝体和黑色孢子囊，与平菇菌丝争夺养分，甚至抑制其生长。

(1)发生条件　自然条件下生长在土壤、空气、粪便和堆肥上，特别是菌种培养时，出现40℃以上高温后极易感染毛霉。

(2)综合防治措施

①预防措施　培养室在使用之前，喷洒消毒剂如0.1%克霉灵、或0.1%的50%多菌灵等杀灭环境中的毛霉菌孢子。培养期间，加强通风换气和降温管理，防止出现40℃以上高温烧死菌种后而长出毛霉。同时，保持培养室干燥，避免封口物潮湿。

②感染病害的菌袋处理　出现毛霉感染后，及时挖出培养料，拌入新鲜培养料中灭菌后重新利用，或者烧毁，或埋入土中。

7. 曲霉　危害平菇的曲霉主要为黄曲霉 *Aspergillus flavus Link*。菌种中感染曲霉后，形成大量的孢子，抑制平菇菌丝生长。在棉塞和麦粒上极易生长曲霉。

(1)发生条件　在高温、高湿下极易危害，主要是通过空气传播孢子感染。

(2)综合防治措施

①预防措施　培养菌种期间，要防止出现高温、高湿环境，加强通风换气，降低湿度，防止棉塞受潮。使用麦粒菌种时，应在冬季接种，不宜在夏天接种，否则会在麦粒上长出曲霉。

② 感染病害的菌袋处理　出现曲霉感染后，及时挖出培养料，拌入新鲜培养料中再利用，或者烧毁，或者埋入土中。

8. 白 地 霉　白地霉（*Geotrichum candidum* Link）生长速度快，1 天后便形成菌丝和大量节孢子粉，节孢子粉大量聚集在袋口或瓶口，抑制平菇菌丝生长，造成菌种报废。

(1)发生条件　分布在土壤、有机物、动物粪便和烂菜上，生长速度快，在 28℃～30℃下，1 天便形成菌落。

(2)综合防治措施

①预防措施　培养料灭菌要彻底，封口物须干燥；接种场所和培养场所，在使用之前，喷洒杀菌剂杀灭白地霉；培养发菌期间，加强通风换气，保持培养室干燥，避免出现高温、高湿环境。

②感染病害的菌袋处理　出现白地霉感染后，及时清除出菌种，并用湿报纸或者塑料袋包裹着孢子粉，防止孢子散落，传染其他菌种；将感染的菌种及时灭菌处理，或者埋入土中。

9. 褐 斑 病　子实体菌盖上出现褐色的斑点，初期为小斑点，后期形成大型的病斑，造成子实体生长不良，失去商品价值。其病原菌为托拉代假单胞杆菌（*Pseudomonas tolasii*）。

(1)发生条件　病原菌通过土壤，水，空气，培养料，昆虫，病菇和人为操作等途径传播；在高温、高湿的环境条件下易发生。

(2)综合防治措施

①预防措施　配制培养料的水，应使用清洁的井水或自来水，不能使用池塘或河流中被污染的水；子实体生长期间，温度高于25℃时，加强通风；喷水时，在菇体上，不能喷水过多，并且使用清洁的水。

②感染病害的菌袋处理　出现病害后，摘除病菇，加强通风换气，降低湿度，喷洒600～800毫克/千克万消灵液，或800毫克/千克卡拉霉素液等杀菌剂，方可抑制病原菌扩展。

10. 细菌性黄腐病　子实体感病初期为黄色，生长停止，最后腐烂，并散发出臭味；其病原菌为荧光假单胞杆菌(*Pseudomonas fluoresens*)。

(1)发生条件　病原菌通过土壤，水，空气，培养料，昆虫，病菇和人为操作等途径传播；在高温、高湿的环境条件下易发生。

(2)综合防治措施　同褐斑病的防治方法。

11. 枝霉菌被病　子实体感病后，在菌柄和菌褶内布满白色菌丝，菌柄基部呈水渍状软腐。病原菌为葡萄枝孢霉*Cladobotryun variospermun*(Lik)Hughes。

(1)发生条件　自然条件下生长在有机质丰富的土壤和有机物上，喜在温暖潮湿的条件生长。

(2)综合防治措施

①预防措施　培养料要求干燥，新鲜，没有被杂菌感染；料袋灭菌要彻底，在100℃左右下，灭菌10小时以上；子实体生长期间，加强通风换气，避免出现高温、高湿的环境。

②感染病害的菌袋处理　出现病害后，及时摘除病菇，喷洒0.1%的50%多菌灵、菌毒先锋等杀菌剂。

12. 黄枯萎病　子实体感病后，变为黄色，并枯萎；感病初期中部的子实体变为黄色，然后，传染相邻的子实体，最后腐烂，并发出臭味；其病原菌为细菌性病害。

(1)发生条件　培养料含水量过高；出菇期间，环境中空气相对湿度大于98%。通过空气，水和培养料传染。

(2)综合防治措施

①预防措施　培养料中含水量不能过高，以含水量在60%～65%为宜；出菇期间，加强通风换气，空气相对湿度保持在85%～90%；喷水时，对菇体不能喷水过多，并且使用清洁的井水或自来水，不能使用被污染的水。

②感染病害的菌袋处理　出现病害后，及时摘除病菇，并喷洒漂白粉液等细菌杀菌剂；同时，加强通风换气，降低环境中湿度。

13. 黏菌　在平菇子实体上长出黄色网状物，其病原菌为黏菌类的美发网菌(*Stemonitis splendens* Rostaf)等，从而造成子实体变质和腐烂，并影响下1潮子实体生长。

(1)发生条件　分布在阴暗潮湿的环境中的枯草、朽木以及肥沃土中。喜酸性，在高温、高湿环境条件下发生，通过水、害虫和气流传染。

(2)综合防治措施

①预防措施　菇房要求通风良好，避免出现高温、高湿环境；出菇期间，保湿用水要使用清洁的水，干湿交替地进行水分管理，避免通过水传染和出现高湿环境。

②感染病害的菌袋处理　出现黏菌侵染后，及时摘除染菌菇体，并烧毁；然后，喷洒0.1%克霉灵等杀菌剂杀灭袋口上黏菌。

14. 农药中毒　子实体菌盖反卷，生长停止，长成畸形菇，失去商品价值。

(1)发生条件　出菇期间，喷洒了敌敌畏、水胺硫磷等农药。

(2)防治措施　①在菇房内和出菇期间，不能喷洒敌敌畏、水胺硫磷等农药。②出现农药中毒后，及时摘除病菇，加强通风和喷水，降低农药浓度，使下1潮菇正常生长。

15. 畸形菇　子实体长成柄长，盖小，或者不分化出菌盖，呈珊瑚状。

(1)发生条件　出菇期间，光线暗；或者二氧化碳浓度过高。

(2)综合防治措施

①预防措施　菇房内，要有散射光照，光照强度在10勒以上；出菇期间，加强通风换气，降低二氧化碳浓度。

②出现病害后的防治措施　及时摘除病菇，改善环境条件，使下1潮菇正常生长。

16. 瘤状盖菇　子实体菌盖上，出现瘤状物，造成商品价值下降。

(1)发生条件　使用的品种不耐低温，温度低于8℃时，在菌盖上长出瘤状物。

(2)综合防治措施　①在冬季栽培时，选用低温型品种。②在出菇期间，温度低于8℃时，减少通风量，应做好保温管理。

(二)虫害防治

1. 多菌蚊　多菌蚊(*Mycetophilidae docosia*)幼虫为害菌种时，将菌丝体蚕食殆尽，造成产量降低，甚至不出菇；成虫死亡后，附在菇体上。

(1)生活条件　适宜于中、低温环境下生活，在温度为15℃～25℃为活跃期，成虫在袋口上产卵，幼虫取食菌丝。喜在潮湿环境下生活。

(2)综合防治措施

①预防措施　培养室和菇房在使用之前，清扫净废旧菌渣，并喷洒3 000～4 000倍液溴氰菊酯等杀虫剂，杀灭害虫；出菇期间，在门窗上安装防虫网，菇房内挂上黏虫纸板；在菇房内安装灭蚊灯，或者黄纸板等进行诱杀。

②出现害虫为害后的防治措施　在采收1潮菇后，喷洒菇净、氯氰菊酯等农药杀灭害虫。

2. 黑腹果蝇　黑腹果蝇（*Drosophila melanogaster*）以幼虫咬食菌丝和菇体，在菇体上咬出孔洞，从而降低商品价值。

(1)生活条件　在16℃～20℃条件下大量繁殖取食，以蛹或幼虫越冬，每年发生2～3代。

(2)综合防治措施

①预防措施　培养室和出耳房在使用之前，清扫净废旧菌渣，并喷洒3 000～4 000倍溴氰菊酯液等杀虫剂，杀灭害虫；出菇期间，在门窗上安装防虫网，菇房内挂上黏虫纸板；在菇房内放入加有农药的腐烂水果或者平菇等进行诱杀。

②出现害虫为害后的防治措施　在采收1潮菇后，喷洒菇净、氯氰菊酯等农药杀灭害虫。

3. 线虫　线虫极小，肉眼无法看清其形态，在放大镜和显微镜下才可看见。线虫为害子实体，在菌褶上出现瘤状物。

(1)生活条件　在温度15℃～30℃，含水量大的腐殖质料中都有线虫分布。线虫群集在子实体上，喜在潮湿环境下生活。通过水、昆虫携带。

(2)综合防治措施

①预防措施　菇房在使用之前，清扫去掉菌渣，加强通风换气，使菇房干燥，并喷洒杀线虫农药如1∶500倍马拉松乳剂，或1%石灰水；子实体生长期间，加强通风换气，保湿用水

要使用清洁的井水或自来水，不能使用池塘中水。

②出现线虫为害后的防治措施　及时摘除被害子实体，放入石灰水或食盐水中杀灭。然后，喷洒0.1%食盐水杀灭线虫。

4. 蛞蝓　又叫鼻滴虫、悬达子，黏粉虫、软蛭等，为害平菇的种类主要为蛞蝓。蛞蝓取食子实体，并咬出缺口，降低产品质量，甚至蚕食殆尽。常见的有野蛞蝓(*Agriolimax agrestis Linnaeus*)和双线蛞蝓(*Phiolomycus bilineatus*)等。

(1)生活习性　适宜在中温阴湿的环境下生活，昼栖夜出，白天潜伏在阴暗潮湿的草丛、石块、砖块和土穴中，夜间出来寻食。

(2)综合防治措施

①预防措施　清除杂草、瓦块和砖块，并在四周撒上石灰粉或菜籽饼粉形成隔离带等；出现蛞蝓为害后，在菇房内喷洒10%食盐水，或者将石灰粉撒在蛞蝓出入口和蛞蝓上杀灭。

②出现害虫后的防治措施　在菇房内放上鲜嫩蔬菜或青草，引诱蛞蝓取食后集中杀灭。

5. 跳虫　该害虫为害耳片，群居为害，造成产量下降，降低商品价值。常见跳虫有紫跳虫(*Hypogastrura communis* Folsom)、角跳虫(*Folsomia fimetaria* Linne)、黑角跳虫(*Entomobrya sauteri* Borner)、黑扁跳虫(*Xenylla longauda* Folsom)和菇疣跳虫(*Achorutes* sp)等。

(1)生活习性　跳虫常生活在枯木、垃圾、堆肥和废弃菌渣等腐朽物和阴暗的环境中。生活的适宜温度为20℃～28℃，1年可繁殖6～7代。行动活泼，喜跳跃，一旦受到振动后，立即跳离。

(2)综合防治措施

①预防措施　菇房在使用之前，清扫菌渣和各种腐败物，并喷洒 2 500～3 000 倍溴氰菊酯液等农药杀灭。

②出现跳虫后的防治措施　将农药喷洒在纸上并滴上数滴糖蜜，分放在菇房内进行诱杀；或在菇房内放置装有水的盆，让跳虫跳入水中后再杀灭。

第九章　菌渣处理与利用标准

随着平菇产业的发展，逐渐向规模化、集约化生产。随之而来出现大量的菌渣处理问题。在有的地区菌渣已成为公害，生产者将菌渣丢弃在路边，甚至河中，造成环境污染。为此，菌渣的处理与利用，也是平菇生产中重要环节。

一、菌渣清除与菇房环境卫生管理

收获完平菇子实体后，及时清除菇房内菌渣，是防止害虫和病原菌大量孳生的关键。菌渣没有及时清除，滞留在菇房内，大量害虫取食繁殖，同时，病原菌也大量繁殖，造成下一潮平菇生产的病、虫害加重，为此，不得不大量喷洒农药，大量使用农药后，必然造成平菇产品出现农药残留。清除出菌渣后，及时清扫菇房地面上的残渣，同时，喷洒杀菌剂和杀虫剂，杀灭病原菌和害虫。打开门窗通风换气，排出菇房内废气，使菇房内干燥，为下一批平菇生产创造良好的环境条件。清除出的菌渣要及时处理，不能堆放在菇房附近。

二、菌渣利用途径

(一)菌渣作肥料

菌渣是性状稳定的有机物。经平菇生长后，积累了大量的营养物质，但营养成分不易渗出。此外，菌渣具有良好的吸水性和保水性。菌渣作肥料主要有两方面作用：一是施入田中，可增加有机质，提高地力；二是可作为土壤调节剂，可改变土壤的渗透性、保水能力、疏松度和通气性。菌渣作肥料，一能直接施入土壤中，二能与土壤混合后，制成有机肥再用。但菌渣作肥料时，首次施入土壤中后，土中细菌会将菌渣中蛋白质转化为氨，对作物有伤害作用。另外，新鲜菌渣中可溶性盐类含量较高，会对某些不耐盐的植物产生不良影响，对耐盐性差的植物不要使用菌渣。因此，菌渣作肥料和土壤调节剂，需要注意两方面问题：一是连年施用菌渣，会导致土壤中氮、钾和磷过剩；二是菌渣不能过于频繁地施于农田。

(二)利用菌渣饲养蚯蚓

将菌渣粉碎，加水调匀后，堆积发酵 5～7 天，中途翻堆 1 次，最后再调节水分，使含水量达到 65%～70%，pH 值 6～9。将菌渣装入木箱或培养池内，或直接铺在田间，厚度不超过 20 厘米，然后，投入蚯蚓。收获的蚯蚓可用于生产药品和饲料。收获被蚯蚓利用后的残渣，可作为优质有机肥。

(三)菌渣饲料

平菇栽培原料为棉籽壳、玉米芯、木屑、稻草和麦秸等，给平菇生长后的菌渣，其粗蛋白质、粗脂肪和氨基酸含量都有增加，纤维素和木质素则下降，可作牛、猪、鸡等的饲料。菌渣饲料主要有以下几种。

1. 菌渣饲料 选择无真菌感染，没有腐烂，菌渣内有大量白色菌丝的菌渣，可直接作饲料饲养畜禽。为了调节适口性和营养不均衡等问题，须在菌渣中添加营养物质。但以木屑为主料的菌渣，不宜用作饲料，以棉籽壳、玉米芯、稻草和麦秸等原料为主料的菌渣做饲料好。

2. 菌渣发酵饲料 在菌渣中加入酵母菌类、乳酸菌类、双歧杆菌类、芽孢菌以及复合菌等有益菌，经发酵后，可增加菌渣饲料的营养和有益菌群数量，成为优质饲料。

(四)利用菌渣生产微生物菌剂

菌渣可作微生物肥料的载体。选择无其他微生物污染，经粉碎干燥灭菌后使用。将培养的微生物菌剂与菌渣混合，制作成为微生物肥料，或生物防治菌剂等。

(五)菌渣燃料

菌渣经干燥后，可作燃料。目前，利用菌渣作燃料主要有以下几种途径。

1. 菌渣直接作燃料 将菌渣上塑料袋去掉，经干燥后，可直接作燃料。

2. 菌渣气化燃料 利用气化炉将菌渣转化成可燃气体作燃料。将菌渣干燥后，堆放起来，使用时，打碎成细料，加入气化炉内，将菌渣转化为可燃气体。在四川省已推广使用菌渣气化燃料，已取得了较好效果。一般三口之家，1 年生产 1 万袋平菇的菌渣就能满足全年的生活用燃料。

3. 菌渣燃料棒 由于菌渣干燥后疏松，直接作燃料时，热量低，而且不便运输。利用专用设备将菌渣制作成块状后，再作燃料，其效果更好。将菌渣经机械压榨成块状，再干燥成型，然后用作燃料，不仅可以降低运输成本，而且还提高了热能。

4. 菌渣炭燃料 菌渣可用于生产炭，在缺氧条件下燃制成炭，再用炭作燃料。或者利用已制作好的燃料棒，再制作成炭，其效果更好。

(六)菌渣再利用生产食用菌

利用棉籽壳和木屑等为主料生产平菇后的菌渣，可再利用来生产双孢蘑菇、鸡腿菇、草菇和大白口蘑等草腐菌。但不宜再用来生产木腐菌，如平菇、香菇、毛木耳等。用于再利用生产其他食用菌的菌渣要求无霉变，没有腐朽。应与其他新鲜原料混合使用，其效果更好。

主要参考文献

1　张金霞,谢宝贵主编.食用菌菌种生产与管理手册.北京:中国农业出版社,2006

2　贾身茂等.中国平菇生产.北京:中国农业出版社,2000

3　黄年来等.18种珍稀美味食用菌栽培.北京:中国农业出版社,1997

4　吕作舟主编.食用菌栽培学.北京:高等教育出版社,2006

5　黄年来编著.食用菌病虫害诊治(彩色)手册.北京:中国农业出版社,2001

6　李雪玲.中国侧耳属系统发育学研究.中国科学院研究生院博士学位论文,2004

7　蔡衍山,吕作舟,蔡耿新.食用菌无公害生产手册.北京:中国农业出版社,2003

8　陈士瑜,陈惠.菇菌栽培手册.北京:科学技术文献出版社,2003

9　农业部微生物肥料和食用菌菌种质量监督检验测试中心,中国标准出版社第一编辑室编.食用菌标准汇编.北京:中国标准出版社,2006

键技术 13.00元
图说金针菇高效栽培关键技术 8.50元
图说食用菌制种关键技术 9.00元
图说灵芝高效栽培关键技术 10.50元
图说香菇花菇高效栽培关键技术 10.00元
图说双孢蘑菇高效栽培关键技术 12.00元
图说平菇高效栽培关键技术 13.00元
图说滑菇高效栽培关键技术 10.00元
滑菇标准化生产技术 6.00元
新编食用菌病虫害防治技术 5.50元
15种名贵药用真菌栽培实用技术 6.00元
地下害虫防治 6.50元
怎样种好菜园(新编北方本修订版) 14.50元
怎样种好菜园(南方本第二次修订版) 8.50元
菜田农药安全合理使用150题 7.00元
露地蔬菜高效栽培模式 7.00元
图说蔬菜嫁接育苗技术 14.00元
蔬菜生产手册 11.50元
蔬菜栽培实用技术 20.50元
蔬菜生产实用新技术 17.00元
蔬菜嫁接栽培实用技术 10.00元
蔬菜无土栽培技术操作规程 6.00元
蔬菜调控与保鲜实用技术 18.50元
蔬菜科学施肥 9.00元
城郊农村如何发展蔬菜业 6.50元
种菜关键技术121题 13.00元
菜田除草新技术 7.00元
蔬菜无土栽培新技术(修订版) 11.00元
无公害蔬菜栽培新技术 7.50元
夏季绿叶蔬菜栽培技术 4.60元
四季叶菜生产技术160题 7.00元
蔬菜配方施肥120题 6.50元
绿叶蔬菜保护地栽培 4.50元
绿叶菜周年生产技术 12.00元
绿叶菜类蔬菜病虫害诊断与防治原色图谱 20.50元
绿叶菜类蔬菜良种引种指导 10.00元
绿叶菜病虫害及防治原色图册 16.00元
根菜类蔬菜周年生产技术 8.00元
绿叶菜类蔬菜制种技术 5.50元